WHOLE FOOD RECIPES FOR CHILDREN AND FAMILY2

從口慾到食育，形塑孩子味覺關鍵的全食物料理

原味食悟
2

— Contents —

自序　　　　　　p08

Part 01

我帶孩子這樣吃

引言：三養一趣，養健康食者　　014

吃飯非天生，靠學習而來　　020

飲食是習慣，不脫教養　　026

兒童餐，動物界奇觀　　032

加工零嘴甜食的反作用力　　036

養成溯源，從零開始　　040

埋樁紮根，建立飲食架構　　044

永遠不嫌遲，挑食小孩重新開機　　050

食慾，食育　　057

孩子可參與的廚務　　061

Part 02

我的全食物廚房

我的儲食櫃 — 全食材打底，美味滋養少不了　　068

全穀 — 破除全穀障礙，從心理開始　　074

超級食物 — 現代人的營養特快車　　084

超級食物撒粉　　092

油品 — 今日之是，明日之非？烹調用油再認識　　094

印度傳統酥油　　102

[自製基本食材 & 常備菜]

懶人豆漿　　106

堅果種籽奶　　108

催芽　　110

韓式泡菜　　114

油漬烤番茄　　118

甜菜根紅蘿蔔蘋果沙拉　　120

冷熱皆宜的羊栖菜沙拉　　122

Column

偽健康食品　　124

— Contents —

Part 03

給孩子、家人的全食物食譜

3-1　早餐＆抹醬

椰汁黑米紅豆粥	132
香草海苔蛋捲	134
無麵粉香蕉煎餅	136
免煮燕麥杯	138
晨光玉米粥	140
優格堅果地瓜	142
酪梨吐司	144
懶人果醬兩款	146
榛果巧克力醬	150
優格起司抹醬	152
八角毛豆泥抹醬	154

3-2　季節時蔬

義式鮮菇青豆玉米粥	166
香草烤杏鮑菇	170
南洋風四季豆	172
烤茄條	174
櫛瓜胚芽煎餅	176
咖哩馬鈴薯沙拉	178
芝麻菜南瓜沙拉	180
香橙甜菜沙拉	182
椰香南瓜泥	184
印式豆腐蔬食咖哩	188

Column

生鮮全食物選購指南	156

Column

先斬後奏的完美變身菜	190

Contents

Part 03

給孩子、家人的全食物食譜

3-3　肉品海鮮

橙香蜜汁烤雞翅	200
泡菜炒肉片	202
海帶根蔬燒小排	204
香料烤里肌	206
慢煨牛腩	210
摩洛哥風味燉羊肉	212
希臘風味烤羊排	214
香煎海蝦	216
芫荽香茅蝦	218
醬漬鯖魚燒	220
羅勒番茄中卷	222
烤鮭魚佐阿根廷青醬	224
香煎干貝佐鮮磨青豆仁	226

Column

能量滿滿午餐盒	228

3-4　包捲杯塔類

芝麻菜番茄蛋塔	240
多彩多滋越式米捲	242
咖哩蝦杯	246
無派皮櫛瓜鮭魚迷你鹹派	248
甜菜葉藜麥塔	250

—— Contents ——

Part 03

給 孩 子 、 家 人 的 全 食 物 食 譜

3-5　全穀飯麵乾豆

毛豆香菇薏芢拌飯	254
零麩質莧籽玉米麵包	256
明蝦鮮酪全麥螺旋麵沙拉	258
半全麥蘭州拉麵	260
半全麥核桃葡萄乾歐包	264
彩虹豆子沙拉佐味噌酪梨醬	272
基本款扁豆湯	274

3-6　零負擔飲品點心甜食

奇亞籽檸檬飲	278
發酵菌菇茶	280
香煎玉米糕	284
小黃瓜捲	286
爆米花	288
超級種籽蛋白棒	290
枸杞種籽脆片	294
奇亞籽布丁	296
椰香莓果奶酥	298
免烤布朗尼	302
水果拉昔冰棒	304

Column

利益眾生的廚活良習	306

Food memories

媽媽的味道：孩子飲食的核心記憶	310
劉媽媽的淡菜羹湯	315

老實説，在2014年夏天看到麥浩斯出版社邀約的新書提案之前，我從來沒想過要寫一本關於餵養孩子的書。

一方面，我認為「餵養小孩」和「餵養全家」不應該在內容上有差別，也不認同「兒童餐」、「兒童食譜」的存在；另一方面，任何牽涉到教養孩子的事，包括飲食習慣的培養，難免見仁見智，各種理論、專家眾説紛云，莫衷一是。我們這些為人父母的，不也都説過「我們家的孩子就是跟別人不一樣嘛！」？

當然，還有一個自從看到提案後就一直在心頭拉鋸，讓我欲言又止的心理障礙：我有資格寫這樣的書嗎？

畢竟，我曾傾盡全力，天真翼望母愛加營養能夠力挽狂瀾，把罹癌的長女從死亡邊緣奪回，卻終究枉然啊！即使如今老二兒子豆豆健壯精實，我內心深處仍潛存「敗將無謀」的挫敗感。何況，豆豆從4歲開始在學校吃午餐後，偶爾會出現運動引起的輕微氣喘現象，雖説從不需藥物治療而在短時間內自動緩解，那可大大打擊了我這媽很努力要預防他氣喘基因（我先生小時候是嚴重氣喘兒）發作的用心！

喪女傷痕之深，也讓我神經質地迷信了起來。「我這樣著書立言，大聲嚷嚷自己養的兒子多健康，會不會遭天忌？」我嘗試轉念，但隱浮於心中的恐懼，不時探出頭來威嚇。

就在我向出版社編輯透露上述疑慮後，一向免疫自療力強悍、6歲以前不曾服用醫生處方藥的豆豆，熱天裡竟然發燒氣喘（這回無關運動！），首次接受吸入式氣管擴張治療。醫生堅持讓他加服類固醇藥物，卻因他無法接受濃嗆的化學藥味，一入口就回吐，試兩次吐兩次，好不容易吃進去的一點午餐，也跟著吐出來，最後以長長的午睡避過吃藥。誰知醒來時，燒退了、不喘了，晚餐像沒事人似地大口吃喝，還直嚷著餓。醫生重新開過比較不難吃的另一處方藥，自然不用給了。

豆豆這場病，來得快，去得更快。堅信宇宙萬物（尤其是與最親近的家人）能量相通的我，這才意識到，我的自我懷疑、迷信和恐懼等負面能

量，可能正透過「吸引力法則」，投射、應證到豆豆身上！為了孩子，我必須停止疑懼。我也清楚，驅逐黑暗和恐懼最好的辦法，就是迎向它，面對它，更好讓它攤曬在陽光底下，無所遁形。

這本書，我寫定了！

不過就是一個轉念，前路突然開闊了起來。誰說一定要是「完美媽媽」才能分享育兒心得？如果養兒路上一帆風順，孩子都不生病，或奇蹟式地只吃健康食物，主動拒吃垃圾食物，那這樣的經驗有何參考價值？成功和快樂固然值得分享，但挫折挑戰，以及穿渡其間的見招拆招，轉折起伏，恐怕更能引發同為父母者的共鳴吧。

這麼合理化後，實際問題來了：我該怎麼寫？我的什麼經驗值得分享？

我的第一個孩子在我這輩子最健康時受孕、出生，豈料5個月大被診斷罹癌。除了她短暫生命裡的前幾個月，是在我一手育兒書、一手擠奶器的新手媽媽胸腹間吸吮茁長，直到她4歲半離世之前，我都像頭猛跌了一跤，再起身已被甩出主

流育兒潮的驚恐母獸，在女兒的頻繁療程和多過於奶瓶的藥罐間，奮力搜尋以食物延續襁褓中生命的可能。那是個一般育兒書無能觀照，周遭人少有經驗分享的場域，也是我祈願天下父母永遠不需要去探訪的絕荒之地。

再度懷胎，我的天然全食物飲膳原則沒什麼改變，只是目標更堅定：「我要竭盡所能，捍衛新生命！」那表示食物不只用來溫飽、餵大孩子，最好吃下肚的都能滋養身心，強健體魄，生病時還能適時發揮療癒功能。而孩子是會長大的，我們不可能一直跟在身邊，只有從小培養他的良好飲食習慣及擇食能力，食物才能在滿足口慾和培養人際情感等社會功能之餘，為孩子打造一個健全快樂的飲食人生，那營養、健康，自然水到渠成。

我不是個完美的母親，對孩子的耐心永遠比自己期望的少一些，體力也總跟不上孩子成長的需求。但餵養孩子這件事，即使仍有改進空間，卻是我走得最用心不懈的一環。我沒有拉拔成群孩子的經驗，對養育眼前這個「唯一樣本」，仍如經歷一場進行中的大實驗，無法預測結果，過程

也不完全平靜無波；但目前跡象顯示，比起多數孩子，我這個大部分時候不拒喝綠蔬汁、2歲半初嚐榴槤就愛上它、習慣生啃芹菜甜椒胡蘿蔔當課後點心、對吃東西始終保持高度熱情和好奇心的強健兒子，確實稱得上是不挑嘴、勇於嚐新，對多元飲食接受度極高的「健康食者」（healthy eater）。

追根究底，值得分享的，也許就是我在可以掌控的情況下，打死不放飲食自主權的堅持，和相信自己是形塑孩子飲食習慣關鍵的那份自覺吧。

這本書記錄了我以天然有機全食物餵養兒子的經驗與心路歷程，是一個非常個人化的故事，但它也觸及所有家庭和孩子都會面臨的飲食課題。例如大家都知道要多吃蔬果全穀、少吃加工品，但多數人做不到（或不知道怎麼做）；父母都希望孩子吃得健康，但許多時候不是大人沒時間下廚，就是煮了孩子不肯吃；有些家庭連三餐溫飽都有問題，或負擔不起生鮮食材，但更多家庭是有條件吃得健康，卻貪圖便利，直接交出飲食自主權。

為了寫製這本書，我花不少時間研讀相關文獻，既為自己的意見、做法「找證據」，提供理論基礎，也藉此修正、彌補過往的不足（總是有那種希望能重新來過的時候啊！）。也因這樣才發現，餵養小孩牽涉到的問題和眉角，還真多哪。

我樂於分享適用於我孩子的成功餵養方法，也觀察趨勢，援引專家意見，討論如何從娘胎起培養孩子健康飲食習慣。錯過黃金時期，孩子已經是挑嘴兒、偏食族？別急！這裡也有許多實用的教戰守策，讓每天和挑嘴兒奮戰的爸媽能重燃希望。

當然，我也不隱瞞自己所遭遇的挫折、沮喪和挑戰。但願這些誠心的告白，以及穿插其間，或個人化或綜合意見式的實用原則和烹煮方式，能激發你養育健康食者的熱情與動力；也希望在餵養孩子這條路上，大家能因此少一點挫折煩憂，多一點信心樂趣。前面這兩句，說實在，我也還在學呢！

再度成書，我要感謝麥浩斯出版社對我的看重、信任，和執編歆儀對我的極度耐心。還要感謝好友Michiko、Amar、Krista和Pedro在我需要時幫忙看孩子；Tomoko和Krista大方出借部分碗盤供拍攝。最後要感謝容忍度很高的家人。另一半在我無數週末工作日，耐心地陪伴孩子；兒子對我著書後期常缺席家庭活動的諒解，都是催生此書的重要推手。

How to use this book?

讀前說明——

本書食譜專為全家人設計，是0-99歲皆適用的全食料理。讓孩子從吃第一口副食開始，就有機會與全家人同步共享餐食，可以是為孩子培養良好飲食習慣的第一步。

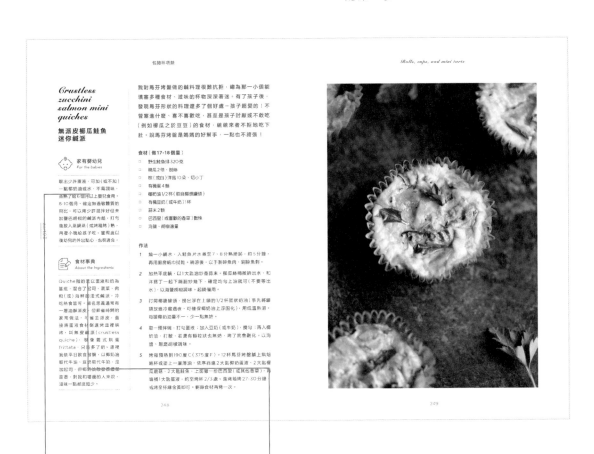

家有嬰幼兒
For the babies

根據嬰幼兒生理發展時程，建議可與家人同桌飲食的內容，既為家長省下另為寶寶準備副食的時間力氣，也及早讓孩子習慣多元飲食，拓展味覺經驗，促進手眼協調能力。

食材事典
About the Ingredients

介紹較少見食材及其用法，或料理發源歷史、沿革及因時制宜的變革等。

廚事筆記
Kitchen notes

可能是讓廚事進展更順暢的關鍵提醒，免去過程中的猜想猶疑；也可能是食譜的延伸變化，一菜多種吃法。

Part 01

我帶孩子這樣吃

Food for thought

孩子的第一口，是深植味覺記憶的重要關鍵；

習慣可以培養，也可以打破。

好習慣養成了，營養、健康，自然水到渠成。

引言
——三養一趣，養健康食者——

養小孩，真的不容易。

別的不說，光是應付孩子每天三餐加點心，要吃飽，還要吃得安全健康，就夠媽媽爸爸忙了。如果再講究點，種類要多元，營養要均衡，口慾要滿足，還得有額外的體力、耐力、腦力和廚功。這還不保證孩子一定賞臉捧場，只要小舌頭上千萬個味蕾有幾個造反抗議，家長的苦心可能就要白費。不然為什麼有星級大廚取悅無數味蕾，就是討好不了自家孩子的腸胃？滿腹營養知識的專家，卻掉進孩子非薯條披薩不吃的死胡同？

關於餵養孩子，這一代青壯年父母大概是最幸運，也最迷惘的世代。我們比父母多受許多教育，資源充沛，注重營養，因而急欲和上一代「順其自然，怎樣都會長大」的育兒方式，劃清界線；卻又因生活、工作、家庭關係等種種壓力，常常心有餘而力不足，甚至直接妥協，交出餵養孩子的飲食自主權。

結果呢？就如美國兒童餵養專家迪娜羅斯（Dina Rose）所說，現代父母雖處於營養知識爆炸的時代，養出的孩子卻是營養最糟、最不健康的產物！

在美國，科學家們預言，這一代兒童可能是歷史上第一個比他們父母短命的世代，他們的不良飲食習慣，非但不因年齡增長而消失，反而更糟。台灣兒童也好不到哪兒去，每四個小學生有一個超重（overweight）；平均不到三個小男生有一個過胖（obese）；每三個嬰幼兒有一個是過敏兒，而都會區更嚴重，每兩個就有一個。可怕的是，兒童健康走下坡風行草偃，已成國際趨勢，不論先進或落後國家，無一倖免。

工業化食品泛濫的時代，這些兒童健康警訊讓人心驚，卻不意外。我周遭不乏小胖子、過敏兒；就算不胖沒過敏，挑嘴、偏食、不願嚐新，或不吃蔬菜的孩子，比比皆是，幾乎註定了健康堪憂的未來。就拿肥胖來說吧，「小時候胖，不是胖」不再是空包彈的自我安慰，而是真切預告胖成人的前奏。胖小子若不及時調整飲食生活習慣，研究顯示，肥胖（以及因此引發的各種健康問題）會一路跟著他們到成人！

將心比心，我相信天底下沒有一對父母願意看見孩子健康亮紅燈，或放任孩子養成不良飲食習慣。現代生活的忙碌緊張，確實讓很多家長餵養孩子力不從心；食品製造商處心積慮透過廣告誘賄缺乏判斷力的孩子，更形同落井下石，讓大人小孩在「方便」和「滿足口慾」間各取所需，一起墮落。但不少家長也很無奈，明明花很多時間心思餵養小孩啊！有人甚至抗議：「我只餵孩子吃健康食物耶，偏偏孩子這個不愛，那個不吃！」情況更糟的，大人小孩餐餐為了多吃一口、少吃一口，雞飛狗跳；煮飯的人垂頭喪氣，吃飯的人食不知味，家庭餐桌成了小型戰場。

小孩真的那麼難養難纏？還是身為家長的我們，少做少說了什麼？或者不該做、不該說了什麼？

相較之下，我的7歲兒子豆豆似乎很好養。幾乎是，我煮什麼，他吃什麼（我這個全食物擁護者，是不打混、不一味討好小孩胃口的媽）；雖然有飲食上的偏好（誰沒有呢？），但大部分時候他不怕嚐新，口味多元；愛吃，也能吃，是周遭人眼裡的「健康食者」。

如果你問他最喜歡的食物是什麼，十次有九次他的回答是美國甘藍（kale），然後會忍不住繼續說，他第二和第三喜歡的是花椰菜和四季豆（有時兩者排名互調）。他當然也愛吃魚肉飯麵和甜食，也有少數幾樣不愛、得一直提醒才肯入口的菜；如果有人把市售洋芋片和糖果擺在他面前，他也會像多數孩子一樣抗拒不了，但從他每次的回答都是蔬菜，不因偶爾的飲食脫序而無法回歸日常飲食來看，那個讓很多家長頭痛的孩子不肯吃菜或吃不好問題，在我家並不存在（我這個完美主義者，以前卻不這麼認為）。

不知情的人以為我這媽「運氣真好」。但我很清楚，那不是原因，是結果。我是有幸運的地方。15年前，因為健康亮紅燈而開啟的養生食療，改變了我的體質，也為我儲備不少哺育兒女的基本知識和工具。但如前所述，光有營養知識和廚藝，顯然不足以為孩子培養良好飲食習慣。

這本書原本只是要分享個人以有機全食物養小孩的經驗，但我思來想去，除非你和我一樣，有孩子之前已是全食物實踐者，你的孩子從零開始就是在這樣的飲食條件下生長，否則我講得再頭頭是道，我家的餐桌菜色再吸引人，不見得能順利轉化成你的家庭經驗。何況，就算我已走在眾人之前，我的養兒之路也不完全一帆風順。那些很努力在廚房揮汗動鏟，一心要給孩子良善飲食，偏偏孩子不捧場的家長，又該怎麼辦？

就在我為此書一邊找證據支持自己經驗的可參考性，一邊回顧反省過往的反覆辯證中，我的想法、認知也如骨牌般產生連動效應--原來餵養小

孩（尤其是培養健康食者）牽涉到的，不是只有食物和營養而已！提供健康美味食譜，也許已足夠激發你下廚，或者讓你改變採買烹煮習慣，但那可能改變不了你已有個挑嘴兒的事實，也不見得能減少你每天用心煮飯，孩子卻始終吃不好或不肯吃的挫折。

我愈想，一股使命感自心中油然而生，愈覺得自己任重道遠了起來。於是，這本書的觀照視野，擋都擋不住地從自家餐桌內容往外擴展，從美味健康食譜延伸到食材選擇、食安陷阱；從建立孩子正確的飲食觀，到如何幫孩子改善飲食習慣；從利益眾生的廚事飲膳良習，到讓孩子透過參與廚活農事，享受食物也珍惜物種大地。我所研讀的參考資料，也從家裡本來就不缺的全食物食譜、各類營養叢書、嬰幼兒飲食須知、綠色生養指南，擴展到食品加工科學及行銷策略，再到兒童心理、社會學、教養和餵養趨勢。

如果要以一句話，來歸結這一年多來我對「餵養小孩」和「培養健康食者」這兩個不可分割主題的學習體認，大概可化約為：

餵養（健康食者）＝
（ 教養 ＋ 營養 ） X 樂趣

這三養一趣，互為因果，缺一不可。教養，主要牽涉到我們如何在飲食相關議題上與孩子進行互動；營養，指的不是對每個食材的營養組成了然於胸，反而是要大家捨棄追求特定營養素的解構式思維，回歸庶民飲食智慧，擁抱完整全食的真味。更重要的，不論涉及教養或營

養,食物在基本的滋養功能外所提供的莫大樂趣,必須被正視,成為完善飲食教育裡最基本且不可或缺的元素。

我相信有不少父母擁有豐富的營養知識,廚藝比我高超的也大有人在。但對於「可以教孩子吃飽又吃好」這件事,似乎對很多人是不可能的任務。我從自身經驗及因寫這本書獲得的啟發,相信每一個人,每一個孩子,都可以透過學習與再學習,改善飲食習慣,吃得更健康而有樂趣。

因此,在我帶你走進廚房,分享我如何運用所知所能,一如預期地養出一個不挑嘴、不偏食且愛吃菜的孩子之前,就讓我不自量力地以一個媽媽、一個煮飯人兼引介者的角色,將所思所見所聞反覆消化咀嚼後,拋出一些非關廚藝和營養的議題,企圖為那個困擾著很多家長的「孩子吃不好」的深晦問題,引進光亮。我由衷希望,討論終了,人人能多一點自信,多一點了然於胸的清明,也學到一些運用工具,進而將大人小孩間經常處於對立的飲食拔河,逆轉成雙贏局面。

──吃飯非本能，靠學習而來──

有沒有想過，我們現在有在吃或喜歡吃的東西，是如何進到我們生活，成為飲食習慣的一部分？孩子的飲食偏好，又是什麼時候、在什麼情況下形成的？

美國知名飲食作家麥可波倫在「雜食者的兩難」一書援引經典指出，身為雜食者的人類，因為沒有像無尾熊那樣有內建於基因的擇食能力，先是靠感官經驗及過人記憶來趨吉避凶，決定什麼該吃，什麼不該吃；而後靠著前人累積的食物經驗與智慧，創建了飲食文化和傳統，從此才不需餐餐面對吃與不吃的兩難。

我記得第一次讀到這段描述時，對「吃東西」這個看來再簡單不過的生物行為，竟能複雜到牽涉人類學、生態學，甚至哲學、歷史和文化演進，感到非常驚訝和興奮。如今回頭看，發現它複雜表象下的中心思想其實很單純，那就是人類的飲食行為是透過不斷學習、試驗得來的集體成果。如果把焦點拉近到個人飲食習慣來看，即使因工業化食品泛濫使人與過去指引帶路的傳統飲食智慧

脫節，導致雜食者該吃什麼的兩難重返現代，這個學習如何吃東西、吃什麼的「過程」，本質上變化不大。

每個人從嬰兒期吃第一口副食開始，都是靠感官經驗來學習食物的味道。當媽媽餵養貝比時，她不只訓練孩子如何吃東西，也教導孩子食物的味道、顏色、形狀、溫度和口感。從這些初期的經驗，我們慢慢發現哪些味道、哪些東西是我們喜歡吃的，哪些又是我們不愛的，進而建立了對特定食物的喜好與厭惡。儘管有個人差異，但不管是心理學家、腦神經專家、人類學家或生物學家，幾乎無異議地一致認同，我們對某些食物的偏好，是透過學習得來的。

英國飲食作家蓖‧威爾森（Bee Wilson）在「第一口：我們如何開始學吃東西」（直譯：First Bite：How we learn to eat）一書指出，我們現在常吃的每一樣東西，都是我們「學會」去吃的東西。她接著說 ，「每個人從喝奶開啟了生命。在那之後，可能性無窮盡（it's all up for grabs）。坦

尚尼亞的狩獵部落覺得骨髓是最好的嬰兒首嚐副食，寮國出生的貝比吃的可能是媽媽嚼爛再餵食的糯米飯，西方人吃的可能是粉狀米糊或罐裝嬰兒食品…。」我的孩子吃的是家製青豆泥，和用湯匙刮出的酪梨糊。

因文化背景和食物可得性的差異，造成嬰兒副食內容天南地北的現象，正說明人類嬰幼兒味蕾的高度可塑性。那如同白紙般純淨的飲食處女地，給什麼，就吸納什麼；種什麼，就發什麼。也才有後來這林林總總的多元飲食文化和傳統，並為我們提供解釋，為何日本小孩愛吃又粘又臭的納豆；法國嬰兒可以接受發霉腐朽的藍黴起司當副食品；印度小孩從小練就吃咖哩本事；韓國兒童很小就習慣吃泡菜；我們華人小孩也很厲害，豬血大腸頭雞腳雞肫臭豆腐，這些老外敬而遠之的「奇食怪味」，我們從小吃到大！

就算我們的大腦某種程度上並未脫離偏愛甜味（碳水化合物代表能量），避開苦味（通常來自有毒植物）的雜食者本能，威爾森說：「從沒有一項生物

特性指出我們長大後一定討厭吃蔬菜，愛吃巧克力乳脂糖（fudge）」。

以創造、享受美食聞名的法國人，顯然是全世界最懂得開發嬰兒味蕾潛能的民族。早在我這一輩的美國甚至台灣媽媽拿空卡路里白米糊當嬰兒首嚐副食（這至今令人費解）之前，法國父母早就開始將飲食教育當成嬰兒期最重要的教養課題，人人以培養能欣賞真食美味的小小美食家為職志；當主流西方育兒觀畏懼兒童過敏而諄諄告戒父母一次只能餵食嬰兒一種副食，且得隔幾天才能試下一種時，法國父母則視飲食多元化為幫助孩子享受食物，讓孩子及早過渡到成人飲食的先決要件。在法國父母眼裡，孩子愈早開始吃多樣化飲食，愈能樂在吃食，結果孩子就愈不會挑食，愈早建立健康飲食習慣。

根據「法國爸媽這樣教，孩子健康不挑食」（French Kids Eat Everything：how our family moved to France, cured picky eating, banned snacking, and discovered 10 simple

rules for raising happy, healthy eaters）一書作者凱倫·勒比永（Karen Le Billon）的觀察，等厭食、懼新（neophobia）現象開始出現的2歲左右，法國小孩試過、吃過的食物，已比多數北美地區大人來得多；3歲之前多數法國小孩唯一沒嚐過的食物，聽說只有酒和內臟（後者他們很快也學會去愛吃了）。而且法國小孩的肥胖率是開發國家中最低的，過敏問題也遠不及英美國家嚴重。

當然，法國人對飲食的慎重其事，從日常餐桌佈置、再忙都要回家做飯吃飯（超過9成法國孩子每天在家中和家人共享晚餐）、冗長放鬆的用餐時間、食物是社交是享受也是生活樂趣的態度，到法國政府鄭重地把飲食教育列入學校教綱、全國人都以法國美食為傲，這從裡到外做的都是同一件事，他們在形塑孩子對食物的態度，培養孩子的飲食習慣。

法國經驗除了體現「飲食是學習」的根本事實，也讓人看到培養飲食習慣所涉及的多個面向。後者正好也可以幫助我們理解，為何個人對食物偏好的差異，除了和食物內容（父母對食物的選擇）及

食用頻率有關，也和飲食記憶（和誰一起吃、什麼情境下吃），以及吃東西本身是否帶來樂趣和滿足，無從分割。

因為個人際遇，我當年堅定培養健康食者的出發點，並不像法國人那樣是為了讓孩子享受食物、滿足食樂般地浪漫而有智慧。我單純以為只要我從一開始就給孩子最安全健康的多元選擇，並在過程中為孩子建立規則，更重要的，有堅持不動搖的執行決心，那時日一久，習慣成自然，就跟茹素父母養出的孩子自然喜愛蔬食味一樣，孩子怎會不肯吃蔬菜？不願嚐新味道？不健康強壯？

如今看來，我所堅持執行的飲食多元化（雖然不像法國父母開始得那麼早）、讓孩子不斷嚐試新口味、不一昧討好孩子胃口（不買不煮不點兒童餐）、不為孩子另備餐點、控管零食點心、吃飯一定全家圍桌共食，沒有電視（OK，我承認豆豆還小老公常出差時，偶爾開電視給他邊看邊吃，我才能好好把晚飯做完）、不用食物當獎賞或懲罰、提供生鮮全食物為主等餵養原則，倒是不知不覺

謀合了法式飲食教養的多種精神。

而我當年那個「單純」的初衷，在我深入探索、研讀飲食教養相關典籍後，才知道其實不單純啊。「一開始」、「最安全健康」、「多元」、「規則」、「堅持不動搖」、「執行決心」、「日久」、「習慣」。仔細一想，要把看似簡單的「吃東西」這件事，變成孩子每日執行多次的學習，進而內化成習慣，這個過程，光是我這媽單方面的投資，至少就牽涉到上述8個可掌控，但不見得容易做的內在因素，那還不包括孩子在過程中的反應、我針對孩子反應的見招拆招、外在環境影響等不可預料或掌控的外在變數。這麼一分析，我才發現當年未能細辨，始終在養兒路上引領我前進、貫徹意志的內在驅力，正是我相信自己是形塑孩子飲食內容和習慣的關鍵。

但我必須承認，那個「飲食是樂趣，得在放鬆情境下進行」的元素，在我自己身上容易執行（可能因我早已是什麼都吃，而且很愛吃的健康食者了），一牽涉到養小孩，曾經失去一個孩子的經歷讓我

很難放鬆。還好，隨著豆豆3歲開始上幼稚園後，因外在環境的衝擊和挑戰，讓我從一開始的驚慌失措，到不得不調整心態的見招拆招，加上這1年半來因為寫這本書而獲得的啟發，都讓我有重新學習，視野更開闊、心情更寬鬆的體悟。所謂燈不點不亮，可不是嗎？即使那不代表我的養兒方式從此完美。

如果法國人的飲食經驗說服力還不夠，讓你有「文化國情不同，不見得適用每個人」的疑慮，那加拿大籍、嫁了個法籍老公的勒比永在書裡生動鮮活地描述，法式飲食文化如何在一年內翻轉她自己和兩個女兒（一個4歲，一個學步兒）典型北美人挑食習性的奇蹟式改變，應該會讓冥頑不靈的人心悅誠服地買單。因為文化的藩籬，顯然已被打破；更重要的是，就算是被認為無可救藥的挑食小孩（她女兒），味蕾再保守封閉的大人（她自己），只要有心（決心加耐心）且堅持，都可以透過「再學習」，從低氣壓籠罩、大人小孩天天為飲食交戰的餐桌那一端，跳到色香味繚繞、賞心悅目的這一端。

但這個改變要發生之前，我們必須先調整自己和孩子看待食物的態度。吃東西既然是一種學習行為，就無所謂「健康菜一定不好吃」和「孩子天生不愛吃蔬菜」這等事；希望孩子「多」吃菜，就得先想辦法讓孩子「喜歡」吃菜；要培養孩子擇食的能力，就先檢驗自己放進買菜籃的內容。

把紅蘿蔔或菠菜磨成泥藏在義大利麵醬裡，或把甜菜根磨進巧克力蛋糕裡，而讓孩子神不知鬼不覺吃下肚的走私夾帶行徑，也該停止（如果孩子只是不習慣吃，而非討厭吃）或做修正（如果孩子已對某些菜出現強烈反感，我不反對把走私當成學習過渡期的臨時策略，但終究要讓孩子知道吃進了什麼。見190頁「先斬後奏的完美變身菜」）。

因為愈去藏，愈要隱瞞，愈會加深孩子相信那菜真的很難吃；而如果孩子不知道巧克力蛋糕裡有甜菜根，那只會讓他更想吃蛋糕，而不是學會吃甜菜根。（註：甜菜根巧克力蛋糕我也做過好幾回，但豆豆本就愛吃甜菜根，我不用走私，純在滿足味蕾之外增加營養！）

如果你襁褓中的孩子還沒有或剛開始吃副食，恭喜你，你有百分之百自主權和掌控力來成就一個健康食者；如果你的孩子已是挑嘴兒或偏食族，請深吸一口氣～然後相信你那雜食者的小孩也和他們的祖先一樣，擁有因應環境改變而調整飲食的本能和潛力，一如被美國人領養的中國小孩開始吃麵包起司，或年過20才敢吃苦瓜、40好幾才「學會」吃羊肉的我一樣。

你準備好為孩子創造健全或改善飲食環境了嗎？

──飲食是習慣，不脫教養──

即使我們很習慣把「飲食習慣」一詞放在嘴邊，一旦食物端上桌，身旁坐了個孩子，「習慣」一詞在多數父母眼裡，馬上變成漂浮在空中的氣泡，一個轉眼消散的概念，一個口頭禪。

因為我們有更重要的任務要執行--得想辦法把孩子眼前那碗飯，或那一盤讓孩子吹鬍子瞪眼睛打死不吃的青菜，塞進他們肚子裡。如果孩子堅持不吃，或吃得不夠，大人就開始焦慮，怕孩子餓肚子，怕孩子營養不夠。

相信我，我完全了解那種感受。即使我確定擺上桌的是營養均衡的餐食；即使豆豆吃很多青菜，很少挑食；即使他已吃到盤底只剩兩口，喊飽了，以前的我常因不安全感作祟，好還要更好，要求他再多吃兩口菜，或把盤子清光（雖然這也有惜物之意）。現在回想起來很可笑，因為我也怕他肚子餓，怕他營養不夠不均衡。

當然，我那超乎常理的過度反應和一點自作自受的壓力，和那些每天必須和真正挑嘴兒奮戰的家長比起來，不可同日而語。可是，我和這些（可能也是多數）家長之間有一個共同點，那就是我們都把「餵養孩子」這件事，在不同程度上跟「營養」劃上等號。

你說，要孩子多攝取營養難道不對嗎？畢竟孩子需要食物裡的營養才能健康成長啊！營養當然重要，否則我幹嘛處心積慮要提高孩子飲食內容的營養效率？又何必花費唇舌力氣，希望你選擇健康營養的食物來餵養家人？

但如果我們將「把營養塞進孩子肚子裡」當成餵養小孩的唯一或主要目標時，我們很容易掉進「見樹不見林」的盲點，而忽略為孩子「創造」培養好習慣的環境，及「教導」孩子培養好習慣的技能。所謂好習慣，指的不是閉口咀嚼、喝湯不要出聲、如何正確使用刀叉等餐桌儀節；這些當然也重要，但這裡指的是幫孩子培養「擇食」能力，以及如何與食物建立和諧關係。

那牽涉到的，不只是食物健不健康、營不營養而已；或者說，營養對應出的只是食物，但好習慣的培養是一種「行為養成」。

有多年研究諮商經驗的美國兒童餵養專家迪娜羅斯就發現，絕大多數孩子挑嘴偏食的原因，無關食物或營養，而是出在父母的教養方法和態度上；明明要孩子吃得好，吃得健康，卻因施錯力而常常無意中扯自己後腿，成為阻礙培養孩子好習慣的反作用力，導致「好父母教出（孩子）壞習慣」。

迪娜羅斯在「非關青花椰：讓孩子受用一生的三個良好飲食習慣」（直譯：It's Not About the Broccoli：Three Habits to Teach Your Kids for a Lifetime of Healthy Eating）一書中說，她發

現愈是把營養當成餵養小孩主要目標的家長，愈會養出挑嘴偏食的孩子，因為這些家長多半時候都處在「半恐慌」狀態，只在意孩子吃進或少吃了哪些營養，光這本身就是一種壓力，無法讓家長放鬆；而如果孩子不吃，家長會想盡辦法要孩子吃，最常見的方法就是：

哄勸　（你好棒喔，多吃一點才會長高長壯！）

請求　（拜託啦，再吃兩口就好！）

獎賞　（你把這吃完就可以有一顆星星！）

威逼　（你不吃完就不帶你去公園！）

命令　（不管怎樣你必須把青菜吃完！）

賄賂　（你把飯吃完就有甜點吃！）

當然，還有「好媽媽」都會做的夾帶走私（菠菜青醬義大利麵！）。

讀到這裡，你大概會跟我當初乍聽時的反應一樣：這些不都是因為家長「很用心」才會去做嗎？是的，這些「出發點良好」的方法，大部分我都做過！（看吧，即使我一開始就以培養健康食者為志向，而且很有決心地執行，不表示我養小孩的方法無可挑剔）。如果我們靜下心來想，除了走私，這些方法都有不同程度的「施壓」意味，即使我們沒有一個人喜歡做這些事，但當把營養塞進孩子肚子裡成為「必要」任務時，只要能達成任務，多數家長想不到或管不了那麼多。

偏偏這些方法很多時候確實可收到立即功效，

也因此讓家長陷入如羅斯所說，只看到眼前這顆樹（多吃幾口），看不到整體的樹林（培養良好飲食習慣），可能還無意中扭曲孩子對食物的觀感。一項針對德州大學生所做的調查發現，72%受訪者說他們至今不願意吃小時候被逼吃勸吃的某一樣食物。也就是說，這些短效的餵養策略，其實只會讓孩子更「不想要」去吃他不喜歡吃的東西。

仔細想想，這不無道理。孩子要吃得好（質量都是），首要前提是他夠餓；而只要是沒有重大疾病或生理缺陷的孩子，大腦和腸胃系統自然會發展出控制肌餓、飽脹的機制。哄勸請求或許能讓堅持說不餓或不肯多吃的孩子多吞兩口飯，但他終究學不會聽取身體給予的飢飽信號（至於為什麼正餐時間孩子不餓或不肯吃飯，那是另外一個問題了！）；威逼和命令只會強化孩子「吃飯時間很令人討厭」的壓力聯想；賄賂給孩子的訊息是，甜點（或任何賄賂食物）永遠比正餐吸引人；而就算家長偷渡成功，讓孩子盲吞了大半碗菠菜，他永遠無法去除對菠菜的恐懼和厭惡！

結論是，家長確實應該在「準備食物」時考慮到營養，盡可能為孩子提供健康餐食，畢竟要培養孩子擇食能力，家長要先學會把優質食物擺上桌；一旦涉及到如何吃、吃什麼、何時吃等行為養成時，營養思維必須被丟出門外，一切回歸到「教養」上，才不會因擔心孩子這個沒吃到，那個吃不夠的隨時處在焦慮狀態，讓家庭餐桌成為壓

力來源。因為一旦大人小孩陷入飲食爭戰，將導致「愈逼孩子吃，孩子愈不肯吃」的惡性循環，還無意中傳達了以下訊息給孩子：

（1）健康菜不好吃（因為通常家長要孩子吃而孩子拒吃的都是健康的東西）！

（2）我們是為健康，不是為樂趣而吃健康菜。

（3）只要我把健康的菜吃完就有吃垃圾食物（甜點或零嘴）的權利。

研究說，這些態度會跟著孩子一輩子！

時日一久，可以預見的，這些孩子的飲食終將只會在薯條、精製米麵、炸雞、披薩，或者某一類討好他們味蕾的食物中打轉，因為那是唯一可以讓全家相安無事，好好吃頓飯（或說讓家長安心，孩子不會挨餓）的解決之道，結果當然是無可避免地養出挑嘴偏食兒。而這卻是父母們一開始就發心要避免的！

雖然我家沒有挑嘴兒，不至於讓我常有「施錯力」的機會；我偶爾的不安全感，顯然也沒壞了豆豆已經養成的規矩，但這種種因大人言行不察可能對孩子飲食認知的扭曲，確實有如當頭棒喝，讓我開始學習放下。再怎麼說，其他能做的，我都已經做了，沒必要扯自己後腿，或回頭對孩子造成混淆。我也開始觀察周遭人養小孩的態度和方法。

除了上述求好心切而可能扯自己後腿的家長，還

有一類是一開始就想避免衝突壓力的息事寧人型家長。孩子挑嘴、不肯吃？那就算了吧，從此避煮孩子不愛不吃的菜；或者皺完眉頭嘆口氣，轉回廚房為孩子另備餐點，甚至從此直接煮兩個版本的晚餐，以迎合孩子胃口。

這兩種情況似乎都以皆大歡喜收場，起碼大家都可以好好吃飯，但最後結果可能還是只養出飲食內容窄化、不願嚐新的挑嘴偏食兒。因為這些孩子沒有機會去學習、擴展他們的味覺經驗（研究說每個孩子平均要試10-15次才會接受新味道，研究也說孩子2歲時吃的幾乎就是20歲時的飲食內容），更別說去享受多元健康飲食的樂趣了。

而且，一旦家長開始為孩子特製餐點，孩子從此更有理由，更有恃無恐地拒食、挑嘴。媽媽愛的表現，反而成為深化孩子挑食的推手。何況，這當中有不少孩子是吃飯配電視的，因為這樣大人才能放鬆，小孩才肯吃飯。那不但錯失教導孩子正確飲食習慣的機會，還可能養成孩子盲目吞食、不知其味，容易吃過量的壞習慣。

還有哪些大人無意中的飲食認知或言行，可能誤導了孩子？又該如何化解？

常見的飲食情境 X6

情境1

我的孩子天生不愛吃蔬菜（或某一種味道、食物）

如前文所述，人類的飲食行為、偏好，靠學習而來。世上既有吃各種口味、飲食的孩子，你以為你孩子的「天生不愛」，很可能只是孩子還沒有習慣或學會去喜歡某一食物。

解套方案

（1）追究孩子不愛吃菜的原因。是味道、口感、顏色、烹煮方式？過去不愉快經驗的聯想（例如腸胃炎爆發前吃的菠菜；或父母在用餐時間大吵一架時剛好在吃紅蘿蔔），或飲食中太多競爭食品，例如甜食或加工零食？

（2）持續有恆地讓孩子嚐試，執行「試一口」策略（見53頁）。

（見53頁）

情境2

這很健康耶，吃了對你很好，會讓你長高長壯喔！

孩子不肯試或不肯吃某一食物時，我們常用的推銷法。這對本來就不介意吃這個食物的孩子可能無害，卻無法改變討厭吃的孩子對此食物的看法，還可能產生前述的誤導：「健康、對我好的食物，吃起來都很難吃！」「我們是為了健康，不是為了樂趣而吃健康菜的」。而且如果孩子認定那味道真的很噁心，吃起來像臭腳丫，或像黏土（豆豆曾拒喝一市售豆奶時下的評語），他才不在乎會不會讓他長高長壯。

解套方案

（1）如果孩子吃了後不喜歡：學法國人說「你只是還沒有學會去喜歡吃它！」（別小看這句話的洗腦功效）；繼續執行「試一口」策略。

（2）如果孩子連試都沒試就拒絕：「這個好好吃哦，味道好像你喜歡的 xx（孩子熟悉的某一食物或味道！）」，或者「你記得你看過xxx（某人）吃 xx（某物），當時你很希望也可以咬一口看看嗎？就是這個！」；並執行「試一口」策略。

情境3

你把青菜（或某一正餐食物）吃完，
就可以吃甜點（或某個賄賂食物）

不是不能偶爾吃甜點，但如前所述，這個因果關係會誤導或強化孩子所理解的，甜點永遠比正餐吸引人。

解套方案

換個中性說法：「我們吃完正餐，再吃甜點」。雖然結果一樣，但這只點出用餐順序，不會在孩子心裡形成因果關係及好壞對比；也免除大人行賄之名。

情境4

非要孩子吃完食物才罷休

只會讓孩子對吃東西更反感，更不愛吃被逼吃的食物。

解套方案

調整心態──孩子可以不用吃或喜歡吃某一食物，但一定得「試一口」。搞不好這一口就讓他喜歡上（這在豆豆身上發生過多次！）；或者試過幾回後，孩子因習慣了味道而接受也說不定。記得，一般要試10-15次。

情境5

隱藏原食材的夾帶走私

如前文所述，愈去藏，愈要隱瞞，愈會加深孩子相信那菜真的很難吃；而如果孩子不知道巧克力蛋糕裡有甜菜根，義大利麵醬裡有紅蘿蔔，那只會讓他更想吃蛋糕或以為只吃到義大利麵，而不是學會吃甜菜根、紅蘿蔔。

解套方案

改變煮法、換不同調味，或以孩子喜歡的形貌來呈現食物，並持續執行「試一口」策略。若孩子對某蔬菜已出現強烈反感，初期可試「先斬後奏」的有條件走私；一旦孩子接受新作法就告知吃進了什麼東西，才有機會改變孩子對討厭食物的觀感。

情境6

以食物當獎勵或安慰

研究顯示，教孩子以食物（通常是甜食或垃圾食物）來處理情緒問題，是造成飲食過度（壓力或高興＝吃）主因，而且會讓孩子偏好這些食物。長大後終會了解沮喪情緒沒有因此解除，留下的只是不舒服的飽脹和成人的罪惡感，進一步對食物產生負面觀感。

解套方案

不去做。即使無法百分之百避免，至少可以有意識地去努力，例如給孩子一個擁抱、聽孩子傾訴、帶孩子去看一場電影、陪他睡一覺，或我家最常用的獎勵：給豆豆星星，集滿了他就可以換書。

——— 兒童餐，動物界奇觀———

人類，大概是所有動物裡唯一餵孩子吃不一樣食物的物種。

更確切地說，應該是最近這兩三個世代的現代父母，締造了這個動物界奇觀，改寫了兒童飲膳史。諷刺的是，當我們擁抱這個快速方便的餵養模式時，就如美國許多憂心忡忡的家長和營養師之間流傳的一句警語：「我們也正一步步地把孩子推向早掘的墳墓裡」。

根據英文維基百科，第一份「兒童餐」是在1973年由美國速食連鎖店Burger Chef（哈帝漢堡的前身）所創。當時因為大受歡迎，麥當勞、漢堡王等速食連鎖店陸續跟進。沒多久，如大家所知，兒童餐的薯條炸雞飲料，連同它的貧血長相和一大掛同族宗親，就像動畫電影《食破天驚》（Cloudy with a chance of meatballs）裡終究失控的巨大食獸一樣，侵略了現代兒童的每一個飲食領域。兒童餐早已不是連鎖速食店的專利，一般餐廳（中西不拘，等級不分）、超市裡販售的午餐盒、學校午餐，甚至家庭餐桌上，到

處可見淡棕色基調，吃起來「像食物」但不是真食物的兒童餐內容。

我覺得兒童餐是很吊詭的東西。講嚴重一點，是一種對兒童（尤其是缺乏判斷力，無能做決定的幼童）飲食權利的剝削。

設計兒童餐的大人，顯然都相信孩子天生討厭吃蔬菜，因此兒童餐裡極少出現綠意食蔬；又認定孩子只愛吃淡棕色的東西（薯條、薯泥、起司通心粉、炸雞、披薩），只肯喝有顏色的甜汁。雖然從結果論來看，這些假設對多數孩童是成立的，但會有這種結果（不是原因！），大人多半難辭其咎。

幫孩子點兒童餐的家長，就算不認同餐點內容，要不是心裡認定孩子只喜歡吃這些東西，就是可能認為點了兒童餐後，大家都可以輕鬆愉快地吃頓飯。畢竟出門吃飯，不是為了省掉煮收的麻煩，就是為了慶祝什麼，最好不要有推來擋去，多吃或少吃一口的拉鋸。先不談這些食物對孩子

身心的戕害，這種有意識或無意識的息事寧人態度，傳達或強化了什麼訊息給孩子？

「小朋友和大人吃的東西本來就不一樣。」
「小朋友本來就不愛，也可以不用吃蔬菜。」
「吃炸雞薯條我很快樂，把拔馬麻也很快樂。兒童餐讓我們全家皆大歡喜！」
「只要出門吃飯，我就可以要求點兒童餐。」
「既然在外可以吃和大人不一樣的食物，在家當然也可以！」

台灣出生的4、5年級生（即50、60年代出生者）都知道，我們小時候哪有兒童餐吃？在大家庭長大的我，印象裡，除了因家族成員多，吃飯時必須大人小孩分批或分桌而食，大小桌菜色是一樣的。我們小時候當然也沒吃過所謂的「嬰兒食品」，媽媽從煮給全家吃的菜餚裡，留一小部分，切小一點，煮爛一些，就是嬰兒副食了。

和我們的媽媽不同的是，在確認一個生命正在我們體內成形時，我們有更多的餘裕去信實堅定地告訴自己，從那一刻起要好好照顧自己，多吃有益胎兒的食物，減少垃圾或危險食物的攝取；當孩子呱呱落地後，我們也嘗試透過哺育母乳來給孩子最好的營養；等孩子稍大些，如果時間允許，我們也願意捲起袖子自製嬰兒副食，持續貫徹給孩子健康飲食的初衷。然後孩子開始走路了，吃的東西愈來愈多、愈來愈雜，活動範圍也愈來愈大。就在孩子的身體日日茁長，世界逐漸變大的過程中，不知怎麼的，我們之中的許多人，也開始逐漸放鬆那個曾經的堅持。

回想一下，當初我們那麼努力製作嬰兒副食，除了希望給孩子適當營養，最終目的是為了幫助孩子，從嬰幼兒飲食過渡到與全家共享的餐桌飲食（Table food）。如果還有那麼一點奢望，無非是期待孩子將來長大，能成為與我們共享各國風味美食的餐桌夥伴。

讓孩子養成吃兒童餐的習慣，等於拆除了學步兒時期構築好的飲食過渡橋樑，延長或製造另一個更長的飲食過渡期。不同的是，這座新橋樑多

半由空熱量和垃圾食品等滿足味蕾高潮（bliss point）的三高食品或兒童餐搭成，正是將孩子推離原汁原味的真食物，走向飲食內容窄化，或加深原已窄化的飲食習慣的不歸路。

環繞著兒童餐構築出的全家歡樂美好時光，也將隨食物深烙在孩子的記憶裡，成為長大後安撫挫折、慰勞辛苦的飲食療方。

自從豆豆滿周歲後，我幾乎不曾特別為他準備正餐，大人吃什麼，他就吃什麼，雖然因顧及調味，我有時會分開煮他那一份。直到快滿6歲了，豆豆才「發現」兒童餐。當時他開始識字了，文字為他打造一個神奇炫麗的新世界，他饑渴得掃瞄每一個出現在他眼前的可讀字句，這才發現餐廳的菜單裡有一張夾頁，叫「kids menu」。他以閱讀所有文字符號的興奮語氣，用心讀完上頭每一道菜名。然後很有成就感地放下菜單，「每一個字我都會讀耶」。

不是他不愛吃薯條炸雞，但那不是他成長（或上館子吃飯）經驗的一部分；或者說，他並沒有機會養成吃這些東西的「習慣」。倒是他很習慣和把拔

媽咪分食所有端上桌的餐點，開胃菜、沙拉，兩道主菜，只喝水，沒有甜點（一方面大人不愛，一方面美式大份量還沒吃到這，就撐了）。「兒童餐」這回事，在他「醉翁之意不在酒」地征服語言圖象後，船過水無痕地駛離他的飲食雷達。此後，與我們出門吃飯，他也不曾要求點兒童餐。直到有一天，他和朋友家人一起上館子，那份炸魚薯條（Fish and Chips）似乎讓他開了竅，原來小朋友也可以有一份專屬的餐點。

我很清楚，我不可能吹個大泡泡把兒子圈罩起來，或在他腰間套上繩索，時時拉牽，好讓他免於陷入主流飲食漩窩裡。有一天，當他要宣示主權地學其他孩子點兒童餐時，我心裡再勉為其難不願意，終究讓他點了，但也很快就釋懷了。因為他還是主動來分食我們的盤中菜，還抱怨自己盤裡只有餐包夾起司肉餡的漢堡「不好吃，好像少了什麼」。既然試了，自主權宣示了（目前為止只發生過兩次），味蕾也受教了，這一餐就不至於顯得匱乏。

記住，飲食是習慣，可以學習，也可以再學習。只要基礎打實，習慣了多彩多滋的真食滋味，兒童餐反而顯得貧血乏味了。

34

—— 加工零嘴甜食的反作用力 ——

多數父母都希望孩子的成長，不輸在起跑點上。但有些事情，像是吃精製加工食品和甜食，在我和許多專家眼裡，卻是孩子愈晚開始，做得愈少，愈領先。

我和先生都不嗜甜，除了為賓客準備或偶一為之的自製品，平日不吃甜食。2歲以前的豆豆，不知冰淇淋為何物，以為萬聖節向鄰居要來的糖是拿在手上把玩的玩具。他第一次吃冰淇淋，也不是主動要求的，是別的大人發現他沒吃過，覺得他「好可憐」給他吃的。

我並不覺得他錯過了什麼，當時沒吃過的他自然也不會這麼想。急什麼呢？他有一輩子的時間可以吃冰淇淋！

也許你覺得我太死板沒彈性。吃一次冰淇淋會怎樣？是不會怎樣，孩子照樣成長。問題是孩子對甜食的喜好，不會吃一次就滿足；有愛心的大人對孩子味蕾的寵愛，通常也不僅止於給一次冰淇淋。這裡一顆糖，那裡一塊蛋糕，這會兒一罐養樂多，待會兒一盒布丁，或一罐飲料。如果大人常用「吃一次不會怎樣」、「偶爾吃沒關係」，甚至「歡樂童年只有一次」來合理化所有迎合兒童口味的飲食經驗，那就不能怨嘆孩子挑嘴偏食，不肯吃蔬菜！

不是我不愛孩子，明知他會喜歡卻刻意去剝奪他的飲食樂趣。我單純認為，在形塑孩子飲食偏好最關鍵的時期，有太多好食和味道，值得他優先品嚐；而如果我的態度不一致，今天說他可以吃冰淇淋，明天他要求時又說不行，我如何去為年幼孩子建立規矩，甚至期待他守規矩？冰淇淋、巧克力、洋芋片和奧利歐餅乾，不是不能吃，但在培養孩子擇食能力和良好飲食習慣前提下，統統可以等。

就在我為了寫這本書而大量閱讀研究時，證實了我當初的堅持(或固執)，有理。

人類大腦天生愛甜味，是嬰兒呱呱落地就有的生物本能；等到4-5個月大時，嬰兒也已發展

出對鹹味的喜愛。但孩子後來對這些味道的「成癮」，卻不是與生俱來，而是吃多了添加大量糖和鹽的加工食品造成的後天學習行為。

早在70年代，美國莫內爾化學感官中心的科學家就證實了大家的直覺，兒童確實比成人更喜歡糖（原因之一可能是兒童快速生長時需要高度的能量）；他們對又甜又鹹味道的喜愛，也甚於成人。這給了美國食品業者搖錢樹的配方。普立茲新聞獎得主邁可‧莫斯（Michael Moss）在「糖、脂肪、鹽：食品工業誘人上癮的三詭計」一書中說，數十年來，食品業處心積慮計算出讓消費者飄飄欲仙的「極樂點」（Bliss point）--也就是創造腦部最大愉悅感的糖、脂肪和鹽的精確組合量--正是讓人一不小心吃掉整包洋芋片，或者如同上了癮般愈吃愈甜、愈吃愈鹹的原因。

當孩子吃著為他們的極樂點打造的加工食品時，腦中的歡愉感一如預期衝到最高點，因而欲罷不能，愈吃愈想吃。更糟的是，研究兒童味覺的科學家憂心地說，食品業以高糖高鹽高脂來控制、

塑造孩子的口味時，也正在教這些味覺還在形塑中的兒童，食物吃起來「應該」是什麼味道。換句話說，孩子吃愈多加工食品，愈會被訓練去期待這種味道；天然蔬果和未經人工油鹽糖改造過的真食物，因此顯得乏味令人失望，無法在腦波裡激起快樂的漣漪。

70年代的台灣，我正值豆豆的年紀。雖然生活裡不缺甜食零嘴，但絕不是那個年代孩子的日常飲食，不可能有不吃正餐靠零嘴來補的機會。牛奶糖、蠶豆酥、鱈魚香絲、牛肉乾和蘆筍汁等「好味」，是過年、生日或學校的年度遠足才有的特殊待遇。我還清晰記得，明天遠足去哪裡不重要，光是臨睡前看一眼被零食塞得鼓鼓的小背包，就可以讓我興奮地整晚睡不著。那個幸福感，不全是吃在嘴裡的滋味，更多來自難得的節慶感和不常有的味蕾刺激。

多數現代孩子從早晨一睜開眼，就少不了三高食品的刺激。從極甜的早餐穀片、糕點麵包，到市售優酪乳、果汁，再到點心時間的小金魚餅乾、

起司條;可能還少不了正餐裡的起司通心粉雞塊薯條披薩,或者重口味的外食餐點。小舌頭上數量遠超過成人的味蕾,在大量油鹽糖的過度刺激下,逐漸失去嬰兒時期的超強敏感度(這是嬰兒副食不需要加鹽的原因。另一個原因是減少寶寶腎臟負擔),滿足味蕾的門檻愈來愈高,導致過度消費,還少了我兒時記憶裡吃甜食的節慶感,甚至造成餵食過度的營養不良。

類似情況也發生在澱粉上。研究人體如何傳達甜味訊號的科學家發現,澱粉愈快被分解成糖,大腦就愈快得到愉悅感作為獎賞。很多人(包括孩子)喜歡吃高度精製澱粉食品,就是因它們帶給人腦等同於高糖食物的快樂。在味蕾多半被過度刺激前提下,這或許能解釋為何現代孩子偏好吃精製米麵製品?

如果孩子曾經吃不少蔬菜,現在卻不肯吃,家長可以去思考,是不是孩子現在吃的加工食品比以前多,導致飲食中出現太多競爭品?那可以是長期影響,也可以是一餐內的改變。美國針對3-5歲孩子餐間飲料與蔬菜攝取關係的研究發現,當只給孩子喝水時,孩子的蔬菜攝取量比較多;研究者隔天再以加糖飲料測試,發現即使只給孩子一點點飲料,孩子對同一蔬菜就興趣缺缺了。

另外,也別以為家製糕點零食相對健康沒問題!如果不慎選、控制這些「趣味食物」的食材,太常吃或吃多了,同樣會排擠孩子吃正餐意願和胃口,造成那位兒童餵養專家羅斯所觀察到的,將孩子的飲食偏好推離真食物,導向垃圾食物。

豆豆3歲以前,我也曾餵他「最少加工」的有機加工零食,如嬰兒優格、起司條、糙米花和全穀餅乾。因食用頻率低,他當時對加工食品的味道和認識很有限。3歲開始上幼兒園後,我的挑戰才開始。學校的每月慶生、烘焙義賣、課堂聯誼,及週末經常受邀的生日派對,是美式病態甜食文化的極致展現。

當我看到豆豆吃甜食後的極度亢奮反應,理解到我不再擁有他完整的飲食主導權後,我花了一段時間調整心緒,才體悟到既然不可能保護他一輩子,那「疏導」應該會比「圍堵」更能減少他對糖失控的機會。這是我開始家製甜食糕餅的原因(對愛廚務的我其實不是壞事),主要就是為了抒解豆豆剛被喚醒對甜食的渴求,也有點矯正我對甜食不友善觀感的企圖。

4歲開始吃學校午餐後,豆豆的飲食裡也出現起司通心粉、漢堡、炸魚雞塊等兒童餐內容。即使

上小學後我開始為他準備午餐盒，別人便當裡的加工食品，以及安親班其他孩子帶的各式零嘴甜食，也仍偶爾挑動他的慾求。但隨他年紀增長，身體和味蕾對健康食物的需求愈穩定，口味更成形，我對於他在家門外吃加工甜食零嘴的經驗，也愈放鬆。即使有一兩回 Playdate 的家長告訴我，別的小孩吃餅乾時豆豆選擇吃水果，我知道他還沒有「主動對垃圾食物說 NO」的自制力。

但他很清楚，哪些食物要多吃，哪些食物該少吃；能靠味蕾分辨好壞，要我只買 A 種（剛好是地產鮮貨），別買 B 種（加州來的）紅蘿蔔；也不會因吃了精製加工品，拒絕該吃的飯菜，還會很自豪地對我說：「我喜歡吃別人家的熱狗，但一吃完我就可以擺脫它（detach），回家吃真食物」。

他也很習慣家裡沒有精製加工零食。習慣了「沒有」，自然不會想到去要，或期望哪天食物櫃裡多出一包洋芋片或口香糖。他當然還是喜歡甜食，有時晚餐後也會想來點甜頭，但通常吃水果、一兩片果乾、一格烘焙用的深黑巧克力，或一小片我剛好有做的生機點心，就滿足了。萬聖節向鄰居要來的糖，他撿選一兩顆品嚐，剩下的照例請把拔拿去「送給大哥哥大姐

姐（把拔的學生）吃」，隔天像忘了有那回事地連提都沒再提起。

在這個飲食不安、誘惑不絕的時代，想努力養小孩的現代父母，確實有不同於前人的空前挑戰。當起司不是來自發酵牛奶，大豆製品可以吃起來像烤雞，早餐穀片被從砲管射出，過期而不腐（連細菌都不想吃！）的食品堆滿市場貨架時，我們是有理由譴責食品業者昧著良心殘害公眾健康，或廣告媒體營求私利為虎作倀，但我們也可以選擇一條更簡單，不需要費心搞懂營養、食品加工和行銷伎倆的路 -- 只要買菜時大部分待在超市邊緣區，遠離中間貨架，我們隨時可以把飲食自主權拿回來。畢竟要怎樣餵養自己和孩子，最終還是我們自己的選擇。

梅娜尼‧華納（Melanie Warner）在揭露現代加工食品玄機的「最佳賞味期的代價！」一書近尾時說：「你不一定要吃草飼牛肉、5 年熟成的手工乳酪、原生種蕃茄、現撈野生鮭魚…，購買有機食物是很棒的主意，但一般的牛肉炒蔬菜，搭配一碗糙米飯，也是合格的一級健康餐點」。

精製加工品和甜食也不是完全不能吃，就看我們把它擺在飲食天秤的哪個位置。

———養成溯源，從零開始———

part01

「每一口都是記憶。
最強的記憶通常是那第一口！」

———英國飲食作家華·威爾森

豆豆從4個月大，身軀還巍巍顫顫必須倚靠而坐時，就在被毯簇擁下，和我們一起坐上餐桌。我當時（現在還是）堅決主張前6個月只餵母奶，因此對於兒童餐椅上目不轉睛，展現對食物高度興趣的那雙眼神，經常感到不忍。

也許是已經觀察我們吃飯一段時間了，從6個半月開始吃第一個副食--青豆泥開始，豆豆就對副食充滿興趣。當時他已能抓小奶瓶餵自己喝奶，因此我不介意直接給他隻湯匙自己餵，當然餵得滿手滿臉滿圍兜！但我很高興他吃的第一口食物，及往後的每一口，從來不是美國小兒科醫師建議的白米糊！

過去半個世紀以來，北美洲甚至台灣父母一直被告知，精製加工白米糊是理想嬰兒首嚐副食。在2010年美國小兒科醫師亞蘭格林（Alan Greene, MD）發起「白米糊出局運動」（WhiteOut Movement）之前，這是98%美國嬰兒第一口吃的副食，很多從4個月大就開始吃，不少貝比一直吃到11個月大！

「你會餵寶寶一匙糖來開始他的副食嗎？」以倡導綠色生養聞名的格林醫生在他的網站上說，精製加工白米糊在寶寶體內的新陳代謝作用，和吃白糖的效果一樣；更糟的是，從食物印記（food imprinting）角度來看，會把孩子帶向偏好白麵包、義大利麵和精製脆餅等「全白」的不健康飲食習慣。

美國莫內爾化學感官中心（Monell Chemical Senses Center，一個集合各領域科學家企圖解開味覺和嗅覺的秘密機制，及人們喜愛食物背後複雜心理的研究機構）的科學家發現，食物印記的形成最早可以追溯到胚胎期，透過媽媽的羊

水及往後的母奶，胎／嬰兒會學習去喜歡媽媽常吃的味道。但影響最關鍵的時期，是從嬰兒開始斷奶吃副食到2歲之間。這段期間孩子吃的任何食物，都會留下深刻印記，成為日後一再追尋的味道。

因此，媽媽從懷孕開始，不只要照顧到胎兒營養，一直到孩子飲食偏好定型前，還被賦與形塑孩子飲食習慣的重責大任。

法國小兒科醫師顯然瞭解初期那些個第一口的重要。他們為法國父母制定明確具體的副食內容建議，並要家長趕在孩子開始出現懼新（neophobia）症狀的2歲以前，將孩子的飲食內容和口味極大化。一項研究顯示，法國父母在開始嬰兒副食第1個月內，平均給寶寶嚐試6種蔬菜，近半數受訪父母介紹7-12種；他們還每天或每週變換烹調味道，平均有18種煮法，有的甚至有27種煮法！難怪法國小孩很少像多數美洲小孩那樣，只鍾情於單一顏色、單一類型食物（淡棕色兒童餐）。

先別羨慕法國爸媽，其實只要掌握機先，把握時機，人人都有機會養出「什麼都吃」的孩子。要及早烙下正面的飲食印記，也避免日後大人小孩間可能發生的飲食爭戰，準媽媽和親餵母奶媽媽何不趁現在開始打底？從第一口，以及往後的每一口，儘量要求自己（也給寶寶）吃多元化的真食物。

家有吃副食嬰兒的家長，也可以配合孩子的發展階段，利用食物的形狀、顏色和味道，全方位地為孩子開發飲食IQ。就算吃食物泥，也不忘給寶寶看食物原形，例如吃香蕉泥就當場剝香蕉給寶寶看；吃酪梨泥就對剖開，讓他看中間果核…等，來吸引寶寶對食物的興趣。

研究說，身體力行在寶寶面前吃新食物的畫面，等於為孩子建立視覺上的準備；能和他一起吃，而且吃得很開心，孩子會比較願意嚐試新食物。但這個視覺提示效果，可正可反，大人的食物選擇因此很重要。誠如格林醫生在他的綠色育嬰指南書裡說的，大概沒有一個父母會瘋狂到把可樂直接倒進奶瓶裡給寶寶吸吮，或認為磨成泥的薯

條適合用來餵養貝比;但研究說,就算父母只是在嬰兒面前吃薯條可樂,那個視覺印象之強大,足以讓孩子稍大後,回頭來向父母要可樂薯條吃 !

從寶寶開始嘗試爬過客廳,到可以信心滿滿站起來走路之間,是個關鍵的飲食窗口。這階段(8-12個月之間)的孩子還在口腔期,一拿到什麼就往嘴裡塞,來者不拒;加上已吃副食一段時間,飲食種類、咀嚼技巧和胃口都有進步,正是集中介紹新食物、新味道最好的時期。

我記得豆豆8個月時,除了食物泥,已開始吃一些大人晚餐桌上的內容。有時一條四季豆,有時一根綠蘆筍,甚至烤肋排;如果我忘了在調味前事先取出,就用開水沖過,擺在他面前,他就緊抓啃咬得津津有味。

滿周歲時,他吃的食物絕大部分已是我們的晚餐內容了,只是切小些、煮爛點,以幼兒餐形式出現。通常是肉骨湯熬全穀粥,內加肉或魚、4-6種蔬菜,稍加一點海鹽就是中式;加了香草香料,算是西式。我不太需要特別為他另備餐點,但準備了一個專門剁切他餐食的砧板,便於給他吃乾飯菜時的再加工。一切以全食自製,餵食前淋拌上亞麻仁油或初榨椰油;2歲以前,他的唯一甜食是水果。因為大人吃得多元而健康,跟著吃的豆豆自然也習慣那樣的飲食型態,從來沒有如周遭許多孩子那樣,只肯吃單一食材食物(mono-eating),媽媽不能混煮的情況。

唯一遺憾,是我當初一心注重營養,只希望他吃好吃多,沒有及早為他養成自己餵食的習慣,以至於到他2-3歲了,吃飯時還常需要提醒才肯動湯匙,因為他已太習慣大人餵他了。

這幾年,不管在美國或台灣,醫界對延緩餵食高敏感食物的嬰兒副食主張,已經解禁。儘管美國小兒科醫學會仍建議父母,寶寶未嘗過的新食物應以「單一食材,連餵3-5天」的循序漸進方式進行;台灣已有新生代醫師主張,一旦寶寶學會吞嚥,就可以開始「少量多樣化,什麼都能吃」(蜂蜜、飲用牛

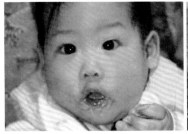

6個月、9個月、10個月的豆豆熱衷探索食物味道。

奶除外）的副食原則。而愈來愈多西方父母採行的「寶寶主導式斷奶」（Baby-Led Weaning，簡稱BLW），甚至直接跳過食物泥，讓6個月大寶寶從第一口，就與家人同桌、同時、同內容的開始多元副食。

BLW理念會愈來愈受歡迎，主要因它解除了新手父母「何時該餵什麼副食」的困惑，省略了另外製作食物泥的麻煩（或買食物泥的錢）；也讓貝比在最自然狀態下加入家庭餐桌，透過觀察其他成員同桌共食的示範，依自己的意願和學習速度，在每一餐裡同時探索多種食物的口感、顏色、味道和觸覺--因為他的雙手，就是湯匙！

一項針對20個月到6歲半，追蹤比較BLW和湯匙餵（spoon-fed）寶寶的研究發現，用BLW斷奶的自食寶寶有偏好選擇健康食物（例如複合澱粉的全穀類）的傾向；湯匙餵寶寶則偏好甜食。餵食多元真食物，正是BLW的重點訴求之一。許多採行BLW餵食的父母反應，他們原本對湯匙餵食興趣缺缺的寶寶，一旦把食物擺在眼前讓他自己餵，反而充滿熱情地「吃」起來了。而且這些貝比的手眼協調、咀嚼和自己餵食的能力，都比一般湯匙餵寶寶發展得快。

單從培養擇食能力和飲食多元化來看，我覺得BLW確是主流食物泥之外，情況允許下（例如寶寶作息能配合時）值得「外加」嘗試的飲食教養。因為就算主要餵食物泥，誰不曾像我當初那樣，這裡給一點、那裡塞一口地讓寶寶品嚐共享成人食物呢？

不管餵養趨勢如何與時俱進，家長領航員的角色永遠不變。培養健康食者的路上，也許沒有捷徑，但愈早開始上路，體察養成溯源的重要，愈能儘早放鬆，享受旅途中的風光。最重要的，也是我當初做不到而希望能重來的--放輕鬆，別強迫寶寶吃。大人心情鬆了，小孩肚量才易開，其他飲食教養，才有可能。

── 埋椿紮根，建立飲食架構 ──

要教導孩子吃得飽又吃得好，成為有擇食能力的健康食者，兒童餵養專家和飲食研究殊途同歸傳達的訊息，都是要大人以身作則，用耐心和決心，傳達對食物的熱情，並讓孩子持續親近、享用好食，而且愈早開始愈好。

坦白說，這大原則聽起來簡單，但執行起來確實比教孩子刷牙洗澡或讀書識字，複雜得多。還好豆豆出生前，我已是有意識的健康食者，注重也有能力擇食；自己和另一半都愛吃，也喜歡嘗試新口味，養成我多元化的烹煮習慣。這些飲食價值觀從一開始就透過食物傳遞給孩子，埋椿紮根，日久成習，為日後省了不少力氣。

既然飲食是教養的一部分，當然得像其他教養面向一樣，明訂規則，溝通清楚，孩子才有遵循依據。以下的飲食大原則，是我餵養孩子的飲食基本架構，簡單地說就是大人主導何時吃、吃什麼、在哪裡吃，並在不違反主要目標（即培養擇食能力及與食物建立和諧關係）之下，適度容許彈性，這其實適用於多數家庭。

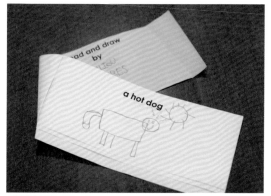

上圖．5歲豆豆對熱狗的詮釋

1. 何時吃（when）：定時吃飯

家長都知道例行常規對孩子身心發展的重要，飲食不能例外。除了儘量在家裡吃飯（最少一天一餐），也應該建立固定的用餐時間。那不只讓孩子對吃飯有所期待，也幫助他們的身體發展飢飽機制，時間到了，自然就會感到飢餓；而夠餓，是孩子願意好好吃飯的先決條件，不只能吃飽，也會對嚐試健康或新食物持比較開放的態度。

我了解，要雙薪父母天天回家做飯，可能很困難，那試試「每週在家煮晚餐的天數多於外食天數」，或者「一週煮三天」吧。連三天都很困難？也許這能給你多一點動力--研究說，常吃家庭餐的孩子，不論情緒管理、學習能力（包括學業成績）和快樂指數，都相對提升，也比較容易成為健康食者。有時候，調整心態和生活優先順序，可以幫我們更有效率地安排時間。

狀況：[家有一天吃到晚的孩子…得制定食區]

孩子幼小時，胃量還小，一天多餐還算正常；若5歲以後，還一天吃到晚，就不是胃量小，而是

飲食習慣出問題，家長有必要建立規則，依孩子年紀、食量，將每日三餐、點心時間訂出「食區」，至於要不要吃、吃多少，讓孩子決定。例如7點半到9點是早餐時間，過時就不能吃，而必需等到下一個時區--那對3歲以下幼兒可能是10點-11點的點心時間，5歲以上可能是中午12點-下午1點的午餐時間，以此類推。剛開始執行時，可能孩子會抗議或因身體還沒適應而在兩食區之間吵著肚子餓，沒關係，孩子反正不會餓太久，只要家長堅持，孩子身心會去適應調整。

2. 吃什麼（what）：大人小孩吃一樣

我反對讓孩子全權決定飲食內容，採購備餐應是大人的職責，孩子可以參與，大人才是定奪者。但我贊成在健康均衡原則下，給予孩子適度自主權。例如晚餐想吃肉還是魚？義大利麵還是中式炒麵？青花椰或孢子甘藍？家長的底線：餐桌上最少有一兩樣孩子會吃的菜色，除此之外大人煮什麼，小孩吃什麼，不另備餐點。為了讓孩子感覺有餐桌自主權，他可以自選用哪個碗盤、哪隻叉匙，或坐哪個位子。

狀況：[家有挑嘴偏食或不願嚐新者⋯先採行「輪替法則」]

在孩子還無法吃得更多元更健康之前，家長可用「輪替法則」來烹煮孩子願意吃／喜歡吃的菜，包括不健康的食物！目的是先讓孩子慢慢習慣「多樣化」概念。簡單一句話，就是同樣食物不能連續吃兩天。例如今天吃炒飯，明天就不能再吃，但後天無妨；今早吃荷包蛋，明早只能吃水煮蛋。每天非吃什麼不可的孩子，可用不同品牌口味來輪替，例如今天喝XX原味優酪乳，明天就喝YY調味優酪乳。就算孩子挑嘴到只肯吃兩種蔬果，家長沒辦法必須天天端上桌時，還是可以從調味變化、搭配食材或餐別順序（午餐當晚餐吃，早餐當點心吃）來輪替，目標是讓孩子感受得到變化。等孩子習慣成自然地去預期每日飲食的變化後，再開始介紹孩子不喜歡的或新的食物。

輪替法則要有效，家長必須事先讓孩子知道，這個規則是為了幫助他吃得更好；他可以有一些選擇，但不能打破規則，並邀請孩子一起列出喜歡食物的輪替清單。家有幼兒者，甚至可將這變成

美勞親子活動，讓孩子畫出或剪貼雜誌上的食物照片來繪表。

3. 在哪裡吃（where）：圍桌共食

飲食是記憶，是家庭生活，也是社交，但前提當然得是圍桌共食。我的童年飲食記憶，幾乎都和全家圍坐吃飯有關。我很感謝我爸媽在這點上的堅持，也希望這是豆豆的核心飲食記憶。只要在家吃飯，餐點一上桌，不管讀書、上網或看電視，吃飯皇帝大，統統必須暫擱一旁。唯一例外是週間早餐，因為趕上班趕上學趕做午餐盒，很難有機會全家一起坐下來。但平日晚餐和週末，可輕易做到。說實在，若要培養孩子良好飲食習慣，例如細嚼慢嚥、公筷母匙、嚐試新食物、用心飲食（mindful eating）、與家人共享食物的樂趣等，不圍桌共食還真難進行呢。

4. 如何吃（how）：

你不用愛吃，但一定要吃（試）一口；你不用全部吃完，但每一樣都要吃！

美國營養師兼兒童餵養專家艾倫・沙特爾（Ellyn

46

Satter）有個知名餵養理念--「責任分擔餵養制」（Division of Responsibility in Feeding），意思是大人決定吃什麼、何時吃、在哪裡吃，至於要不要吃、吃多少，由孩子（從學步兒到青少年）自己決定。她相信只要大人在餵食過程中給予必要支持條件，就能引導出孩子對飲食的自我調節本能--不但願意吃，而且自然去吃身體需要的量，以適合自身的速度生長，並學會吃父母吃的東西。這些支持條件包括提供愉悅的用餐環境（圍桌共食、餐桌禮節、不逼食等）、備餐時不迎合孩子的口味偏好、正餐和點心之間不提供任何食物飲料，孩子只能喝水等。

這個境界，無疑是所有父母心中企盼的理想國。但現實是，就算家長盡到自己的責任，有太多因素讓我們無法完全放手、信任孩子會盡到符合期望的責任。舉例來說吧，不少家長碰過這種情況：孩子看到不愛吃的菜，就說不餓或飽了；等甜點上桌，馬上改口說餓。家長怎能放心把吃不吃、要吃多少的決定權完全交給孩子？何況是錯過機先，已出現挑嘴、偏食和不肯嚐新的孩子？

即使我相信，並支持親子責任分擔餵養理念，我不覺得我有眼睜睜看著豆豆每次跳過櫛瓜不吃的淡定；而且從飲食教養角度來看，不吃不嚐如何期待孩子「學會」吃新食物？又如何擴展孩子味覺經驗？我覺得我需要有個「萬一」的保險，那就是「你不用愛吃某些菜，但一定要吃（試）一口；你不用全部吃完，但每一樣都要吃」。

再好養的孩子，都難免有幾樣不敢吃的食物。「試一口」策略（詳見53頁），正是打開這個保險的那把鑰匙。我覺得這是訓練孩子味蕾，幫孩子擴展飲食內容最重要的規則。我數不清因為那一口，讓豆豆先是懷疑而後邊嚼邊讚嘆「嗯～好吃」多少次了！

5. 一天最多一次的零食點心控管：

3歲以下孩子胃量小，正餐之間的點心可能有其必要。但4-5歲以後，只要正餐的質量都好，其實不需要吃餐間點心，或最多一天一次就夠了。很多父母怕孩子正餐吃不夠或吃不好，企圖用點心來補，這其實是本末倒置。讓孩子養成一天吃

多次點心，除了影響正餐胃口，也讓孩子的身體無法有效發展控制飢飽的機制，更別說多數孩子的點心內容大多是三高加工零食或糕餅類，營養價值遠不如正餐，還因此培養出對這些食物的偏好，加深他們對真食物的排擠（見36頁「加工零嘴甜食的反作用力」）。如果孩子一時之間改不了吃零食習慣，至少家長可以在點心內容上做努力，例如原味優格加新鮮水果，就比調味優格好。

這幾年我儲食櫃裡沒有任何包裝零食、餅乾糖果、果汁飲料，但新鮮蔬果隨時不缺。如果豆豆傍晚放學肚子餓，晚餐還沒準備好，他很習慣的日常選擇包括蘋果、紅蘿蔔、甜椒、生菜等蔬果、五穀麵包塗堅果醬（或椰油、印度傳統酥油），或者吃一小把自製燕麥酥或堅果。哪天他運氣來了，剛好冰箱有煙燻鮭魚，或媽媽做了酪梨醬、豆泥或優格起司，那他的點心就升級。但與其說是「點心」，不如說那是他晚餐的一部分，這其實是媽媽刻意的安排（當孩子很餓時，願意吃蔬菜的機率大增！）。就算那天我做了糕點餅乾或任何甜食，除非離晚餐還有一段距離

（4點半以前），他必須等到晚飯過後才能吃。

相信我，他有不少機會可以吃到加工零食，例如頻繁的playdates和其他孩子的生日派對、學校點心、安親班其他孩子帶的零食等；他唯一有機會在家吃到加工零嘴（通常是脆餅之類），是家裡有大型派對時。他若想吃正餐內容或生鮮蔬果以外的零食，必需先得到允許；糕餅甜點是偶一為之或特殊場合才有的待遇。

6. 提供真食物，大部分家製：
這一點應該是最不需要強調的。要培養孩子的擇食能力，最直接的方法就是在條件允許下，儘量為孩子提供真食物，畢竟飲食教養最終目標，是希望孩子健康快樂長大。孩子的肚量就那麼大，多吃好食，自然就減少吃精製加工品的胃口。當孩子的唯一選擇是真食物時，飲食偏好相對就沒那麼重要了。

每個人對真食物的定義不一。有人以食材數量來界定，例如不超過5個全食材的產品；有人

以能不能在家中廚房製作來取決。最有名的說法，是美國知名飲食作家麥可波倫在「飲食規則：83條日常實踐的簡單飲食方針」（Food Rules：An Eater's Manual）一書裡宣示的，「只有你的祖母或曾祖母認得的食物，才是真食物」。

對我來説，只要是採用全食材（包括單一食材的生鮮蔬果魚肉及最少量加工的天然食材），在家中廚房製作完成，不管是用了多少個食材，就是真食物；有機真食物則更上層樓，講究食材的來源和生成過程。顯然我們無法，也沒必要百分之百自製飲食（想像一下那壓力多大呀！）。但就算無法完全避免吃市售加工品，至少每個家庭都可以朝「減少加工品，增加真食物」的方向去努力。

7. 輕鬆愉悅的用餐氣氛

老實説，這是我開始構思這本書，讀了很多「緊張的家長反而教出不良飲食習慣和態度的孩子」後，才積極做的努力。食物很美好，但要用心、放鬆心情去享受，才能體會它的美好，也才有可能談餐桌上的其他教養。我得要求自己放鬆，豆豆説飽了，就不要求他清盤子；「試一口」策略真的就那一口，沒有下文；生病胃口不好，就別勉強他吃。我和先生溝通後，也達成餐桌上只能講正面愉快的事，連味道太鹹、口味不合等對食物的批評，都必須吃飽下了餐桌，孩子不在身旁時才説。

豆豆至今偶爾還會用手抓食盤中物，除了該有的提醒，我們睜一隻眼閉一隻眼；他邊吃邊講得很high時，也被允許暫離餐桌手腳並用，盡情演出。這在用刀叉吃披薩的法國人眼裡，大概會覺得父母失職，沒盡到教導責任（所以旅遊法國時帶兒子上館子有點緊張）。但我知道，這些不合宜的餐桌儀節，就像他偶爾會堅持用學步兒時期用的小湯匙吃飯一樣，會隨年紀增長而消失，就隨他吧！

永遠不嫌遲，挑食小孩重新開機

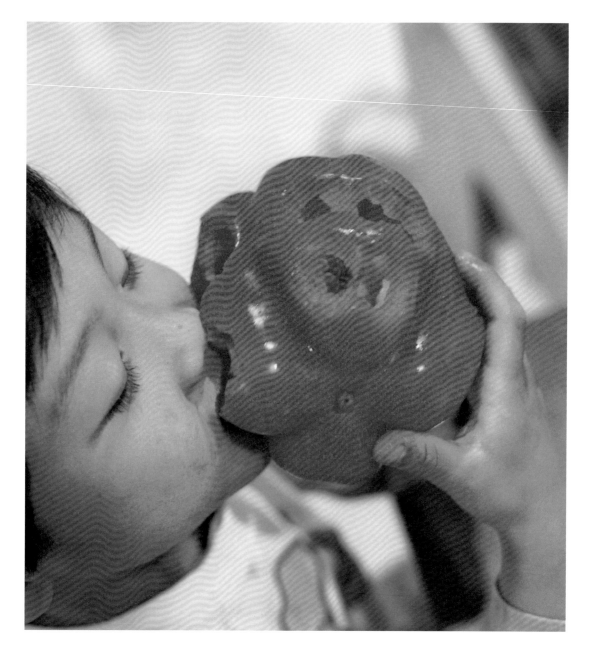

我們已經知道，孩子的飲食習慣和偏好，是透過學習而來；也清楚咱們雜食者的血液裡流竄著高度適應的基因，只要給予機會，壞習慣可以打破，好習慣也可以重新學習。

如果你已有個挑嘴兒、偏食族，或者不肯嚐新的孩子，初期可能得花加倍心神（例如重訂規則、面對孩子反彈等），但絕對不比現在頭痛，而終究讓你更輕鬆（想像一下擔心孩子吃不好的警報解除！）。何況比起孩子其他面向的發展，吃東西這件每天要頻繁面對，且要做一輩子的事，直接關乎孩子身心健康，影響一生幸福。在我看來，絕對比英文鋼琴游泳等學業才藝表現，更值得家長投資時間和心力。

先打底：飲食基本架構

如果家中還沒有健全的飲食架構，現在是去建立或調整的好時機，可參考前文「埋椿紮根，建立飲食架構」作法。尤其要先幫孩子建立定時（見45頁制定食區）、定點吃飯（餐桌，沒有電腦、電視或其他活動）的習慣；有挑嘴、偏食或不願嚐新者，先執行「輪替法則」（見46頁），同樣東西不連續吃兩天，或「每天（週）吃一樣新東西」規定，逐步擴展孩子的飲食內容。等孩子瞭解、接受而習慣了何時吃（when）、在哪裡吃（where）、怎麼吃（how）等飲食常規和多樣化概念後，接下來就可以針對吃什麼（what），來改善飲食內容。

最重要的，不管孩子幾歲，都要事先向他解釋，

溝通清楚；不論你做什麼，都要在沒有壓力（不強逼）但溫和的堅持情況下進行，才不會引發反彈而事倍功半。

挑嘴偏食的8個破解法

1.循序漸進清垃圾

如果不提供真食物，減少孩子吃零食和垃圾食品的機會，那要求孩子吃健康食物，等於是緣木求魚。兒童真的不需要兒童餐，但要孩子一下子完全戒除這些吃食，只吃健康食物，既難實行，還可能讓孩子更想吃被戒食品。折衷作法是循序漸進，先減少孩子吃精製加工品的機會，再逐步以真食物替代。

首先，邀請孩子一起坐下來，列出（或説出）他喜歡吃的「非真食物」清單，再依個別食品列出對應的「真食物」。例如盒裝早餐穀片對應的真食物，是自煮或免煮燕麥粥（見138頁，非盒裝即食麥片）、冷凍薯條對應的是家製烤馬鈴薯條、加工起司條（片）對應的是天然發酵整塊起司、加工火腿熱狗對應的是真火腿和新鮮肉腸、巧克力牛奶對應的是鮮奶、市售果汁對應的是現打果汁等。如果想不出對應真食物，表示那根本不該吃，直接出局。

至於哪些食品先出局、出局速度（一週減少幾種），都可以和孩子討論；還在清單上，未被真食物替換的食品，也可以訂出食用頻率（例如

從每週一次減為隔週一次）。目標是孩子（即全家）最終吃大部分真食物，只吃少數精製加工品。

[吃對比例：多鼓勵，少禁止]

若遇孩子反彈，問為什麼不能吃喜歡的精製加工食品？這其實是家長教導孩子的絕佳機會。但與其強調是「為了營養健康」而吃（記得嗎？這會加深討厭吃健康菜的孩子的負面觀感；研究也說，以健康為訴求的食物通常比較不受孩子歡迎，愈是被認為健康的食物，孩子愈不想吃），不如讓問題中性化。專家建議，可將食物不分好壞地分成三類：

（1）成長食物：即應該最常吃的食物，包括生鮮蔬果魚肉蛋奶、全穀類、堅果種籽等。

（2）偶爾吃的食物：例如精製加工米麵、加糖優格、巧克力牛奶、加工起司等。

（3）最少吃的食物：也就是一般認為的垃圾食物、三高食品，例如冰淇淋、炸雞、薯條、糕點（包括家製品，請不要從營養，而從習慣觀點來看）、加工零嘴、飲料等。

不在孩子面前為食物貼好壞標籤，除了可以讓孩子與所有（包括垃圾）食物建立和諧關係，將來不會有因吃了不該吃的東西而有罪惡感，導致情緒性飲食或飲食失調症（過食或厭食）；另一個好處是可避免「吃禁果」效應—大人愈說不好、

愈不給吃的東西，孩子愈想吃。

在教導孩子哪些食物該多吃時，也應以食物的美味為訴求，而不一味強調是因對身體有好處才多吃。如果孩子反駁說不好吃，就回「你只是還沒學會去喜歡吃它」。還有，我們的目標既是希望孩子多吃健康食物，執行時就應抱持「鼓勵多吃健康好食」，而不是「想辦法禁止吃不健康食物」的態度。如果孩子堅持要吃不健康食物，只需溫和堅定地告訴他，那些是「偶一為之」或「應該吃最少」的食物，時日久了，孩子自然會去接受。

2. 每食必蔬果

這是讓不肯吃蔬果的孩子增加攝取量很有效率的方法。做起來其實不難，就是規定孩子每一餐、每一頓點心，都至少要吃一種蔬菜和（或）水果，就算孩子一時戒不掉加工零食點心，或一次只肯吃一兩口蔬果都無妨，重點在增加不同蔬果的曝光及食用頻率（別忘了多樣化原則，不要只給孩子願意吃的那幾種），讓孩子習慣蔬果是日常飲食不可或缺的一部分。小黃瓜、蘿蔓生菜、西洋芹和甜椒可直接生食，也可以搭配抹醬（例如154頁八角毛豆泥抹醬），打成蔬果蜜更方便；高麗菜、大頭菜、甜菜根、紅蘿蔔（見120頁甜菜根紅蘿蔔蘋果沙拉）和櫻桃蘿蔔，可涼拌；事先燙（蒸）熟的四季豆、綠蘆筍、青花椰、白花椰、地瓜、南瓜或秋葵，搭配沾醬（若有需要），也是好選擇。孩子通常對水果接受度

較高，只要執行「輪替法則」，不連續兩天吃同樣水果就行。

餵孩子吃蔬菜的時間點很重要。研究顯示，晚餐之前孩子肚子正餓而桌上沒有其他選擇時，最有可能吃蔬菜，而且還因此刺激了稍後端出來的其他蔬菜胃口，是名副其實的「開胃」菜。不管是生食、涼拌或燙熟時蔬，都可以拿來當前餐，確定孩子吃下後，再端出魚肉和其他蔬菜。這也是豆豆晚餐前肚子餓時，很習慣自己去找蔬菜吃的原因。別以為孩子一定不願意吃，只有你不做，孩子才一定不會吃！

這個策略也可以幫家長減輕餐桌上的壓力。就算孩子吃得蔬果量還是不夠，一天三餐加點心下來，至少比他以前吃的蔬果量多，就算晚餐菜吃得少，也已有進帳了。

3.「試一口」策略：打開緊閉小嘴的那把鎖
（**適用於每個孩子**）

當孩子還小，味蕾還在形塑期時，味覺資料庫裡可供參考對照的味道很有限，因此多數孩子對沒吃過的東西通常有戒慎之心（這也是雜食者自我保護的機制）。研究顯示，當5歲以下的孩子還沒吃就說他不喜歡某一食物時，通常意思是「我不知道那是什麼」；研究也發現，就算他們今天試了說不喜歡，明天再給同一食物時，可能說喜歡。這除了說明家長要有耐心，不能輕易放棄讓

孩子嘗試，也提醒家長不要對孩子所說的飲食好惡太過認真。

「試一口」策略能奏效，主要因它解除了孩子的心防。因此若孩子試了覺得味道很噁心，也應容許他吐出來。如果孩子吞下那一口，家長也要忍住叫孩子「再試一口」的衝動，才不會失去孩子對你的信任。我承認執行久了，我有時會忍不住得寸進尺，還好豆豆已非常習慣這規則，不會因我的偶爾失控而從此不肯試；連學校午餐盒裡偶爾出現的討厭蔬菜，也會「盡責」的咬一兩口才剩回來。

有些很敏感、對新事物特別難接受的孩子，專家建議家長在執行「試一口」時，可用孩子熟知的飲食經驗來提供新食物線索，例如「這和你前兩天吃的日式照燒雞味道很像耶」，甚至只告訴孩子「這吃起來甜甜的」或「這咬起來脆脆的」都有幫助。還有，家長邀請孩子試吃時也要有技巧。說「你只要試一口就好」（不能強逼！），比「你只要試一口，如果不喜歡就不用多吃」來得好，因為後者會讓孩子聯想：「那萬一我說喜歡是不是要全部吃完？為求保險，還是不要試好了！」尤其如果家長放進碗盤中的試吃物是一大坨時，更會嚇跑孩子。

等孩子真的試了，別急著問：「好不好吃？」那多半只會引來「不好吃」的回答。請以訪問小食評

的興奮語氣問他：那是什麼口感呢？脆的還是軟的？有甜味嗎？吃起來像什麼？跟你想像的味道一不一樣？有像你以前嚐過的味道嗎？…諸如此類開放式問題，可以引導孩子去注意品嚐時的感官經驗，擴建味覺資料庫；也可以轉移他對新食物的疑懼，增加自信心（每次我一這麼問豆豆，他就會突然跩了起來，正經八百地像個專家似地回答。被問多了，我沒問時他還會主動報告哩）。

如果孩子試過新食物後說不喜歡，家長只消說「你只是還沒學會去喜歡它」或「因為你試得還不夠多次」就好，不用大驚小怪。若孩子已經夠大，可以直接告訴他每個孩子平均要試過12次才會喜歡新食物。除了大人繼續煮，下次得對孩子改口說「吃一口」（這其實已是常規，一開始就要說清楚），否則他會對你抗議：「我已經試過了啊！」。

雖然獎勵措施最好別用在飲食上，怎麼樣都不肯試的孩子，專家建議可以提供非食物的獎勵來提高品嚐意願。一項針對2-4歲孩子的研究發現，獎勵制度（例如給星星，集夠星星數可兌換玩具、睡前多讀一本書，或得到一趟動物園之旅等）不只提高孩子初期品嚐蔬果的意願，甚至在過程中逐步提升了孩子的蔬果攝取量。研究人員在6個月後取消獎勵制度後，發現孩子的蔬果攝取量仍持續增加，因為他們已習慣吃，而且能享受蔬果滋味了。

4. 洋芋火山：重新包裝食物

康乃爾大學教授布萊恩·溫辛克（Brian Wansink）花了幾十年時間，研究各種推銷健康食物給孩子的方法。結果發現，為食物重新命名，可減輕、甚至去除孩子對新食物的疑懼。他的研究小組到幾所小學測試後發現，為蔬菜冠上會吸引孩子的綽號，例如「有X光穿透力的紅蘿蔔」（X-ray vision carrot）、「超強動力青花椰」（power punch broccoli）、「美味小樹梢」（tiny tasty tree tops）「傻里傻氣的四季豆」（silly dilly green bean）等，能大大提升孩子品嚐的意願，甚至提高蔬菜攝取量達兩倍。

溫辛克另一個針對學齡前兒童的研究發現，利用孩子熟知或喜歡的卡通人物來包裝食物，例如在蘋果上貼芝麻街人物ELMO的貼紙，就能提高孩子吃健康食物的意願。他還有一個針對較大年紀孩子的研究指出，孩子的擇食能力會在正面提示之下，獲得改善。例如當被問到「你覺得蝙蝠俠（或任何超級英雄）會選擇吃薯條，還是蘋果？」結果同一批孩子被問前選擇蘋果的只有10%，被問後增加到50%。

記得前面提過的，被法國飲食文化改造成健康食者的加拿大飲食教養書作者凱倫勒比永嗎？她對付小時候不肯吃洋芋泥的女兒的作法是，把熱洋芋泥堆成小火山，中間挖個洞，放一小塊奶油（或醬汁）進去，然後興奮地向孩子宣佈，今晚吃「洋芋火山」囉，結果孩子就在看著

奶油一邊溶化，一邊沿著山脊流下的興奮中，吃光了洋芋泥。

很多家長可能已經用過大力水手卜派來推銷菠菜，那如果孩子愛看「哈利波特」呢？哈利波特或其他孩子喜歡的電視或電影人物都吃些什麼（顯然芝麻街的餅乾怪獸不是最理想榜樣）？請發揮想像力！

如果有時間力氣，將食物做成孩子會感興趣的造型，例如笑臉、花樹、動物，或者卡通人物，也是有效的推銷方法。

5. 制定食區，點心成迷你正餐

我覺得影響孩子正餐胃口最主要的因素，是兩餐之間的點心。讓孩子頻繁吃點心，尤其如果吃的是精製加工零食，不只容易讓孩子吃過量（記得那些三高食品讓人吃了還想再吃的「極樂點」嗎？），影響正餐胃口，還會養成他們不餓也要吃的習慣。而如果點心是大人用來哄騙哭鬧中或無聊的年幼孩子，還可能造成孩子將來的情緒性飲食。

一旦孩子有不良飲食習慣，不管是挑嘴、偏食或零食吃不停，沒有第二條路，必須限制吃點心次數。不吃或少吃點心，正餐才吃得好；正餐吃得好，連3歲孩子都不需要吃點心。前文提到的「制定食區」（見45頁），正是破解「吃點心→正

餐吃不下→吃點心→正餐吃不下」惡性循環的第一步。即使是3歲以下的學步兒，也可以從固定食區開始，慢慢學習去聽取身體的飢飽訊號，自我調節胃口。

如果孩子無法完全不吃點心，例如學校午餐時間太早或太短來不及吃足份量、很多課外活動在晚餐時間進行等，家長可以想辦法讓點心成為正餐的一部分。我們必須先改變對「點心」的定義，它不是專指某一類食品，也非絕對必要，而是「視需要」在兩餐之間用來延續體能，維持身體運作的補給。

我之所以不需要為豆豆準備任何精製加工零食，一方面是我從一開始就不買不吃這些東西，他已習慣了；一方面就是我把點心零食當迷你正餐來用。那可以簡單到直接生食蔬果，吃一小撮堅果，喝一杯鮮奶配一片麵包；如果想來點變化，媽媽也有時間，就來點油煎薯（地瓜）片、香煎玉米糕（見284頁）或奇亞籽布丁（見296頁）。偶爾為了滿足孩子的甜食慾，只要離正餐時間還有一段距離、不過量，當然也可以讓孩子淺嚐慎選食材的生機甜食（Part3提供多種選擇），但那不能是常態。此外，確定正餐內容營養且飽足，也是幫助孩子減少吃點心的關鍵。

6. 要求多樣化，先調整「為孩子而煮」心態

你已經為孩子建立了基本飲食架構，提供好食、制定食區，用輪替法則讓孩子習慣了飲食多

元化概念；教會孩子什麼東西該常吃，什麼東西該少吃；也運用了「試一口」策略，並改變了點心內容。接下來要調整的，就是「為孩子而煮」的心態，因為如果還是以孩子愛吃會吃的食物來思考餐點內容，那又會走回老路。只要確定餐桌上有一至兩樣孩子會吃的菜，而且飲食比例正確（大部分吃真食物），那不管煮什麼都是好選擇，就放心去變化、擴展點心和餐桌上的內容吧。

7. 放輕鬆，給孩子餐桌自主權
這大概是家長最難做到的事，尤其在面對孩子挑嘴、偏食，又不願嚐新的時候。但別忘了，走到這一步，你能做的都做了，很有可能孩子的飲食習慣已在改善中（當然速率因人而異），吃得已比以往更多元、更健康，還有什麼好擔心的？

研究一再告訴我們，無法放鬆或控制慾過強的家長，若不是引來孩子反彈，就是對所期待目標造成反作用力。研究也說，大人的態度愈放鬆、用餐氣氛愈輕鬆，孩子愈能吃得好。而那個放鬆，最具體的表現就是讓孩子有決定吃多少的自主權，只要孩子願意吃一口，大人就應該去接受、期待孩子這一餐沒吃好，下一餐自然會更餓而補回來的事實。

如果孩子下一餐還是沒改善，那就表示中間某個轉化環結（請往回讀，包括前文）還沒有建立好，家長和孩子需要的是耐心、時間，和轉化過程中的執行決心，而不是餐桌上的權力拉鋸和緊張對立。

若能想辦法活絡餐桌氣氛，更好。家長可以主動問孩子白天在學校發生的好玩趣事，或者講笑話來製造輕鬆效果。豆豆最喜歡問我們腦筋急轉彎問題了，例如「當大象坐在籬笆上表示該做什麼事？」（該去買新籬笆了！）、「青蛙滿3歲後會做什麼？」（開始過牠的第4年！）、「為什麼袋鼠媽媽要生氣？」（因為她的貝比在床上（肚袋裡）吃東西！）等。如此轉移對食物的注意力，也可以有效抒解因食物引起的緊張壓力。

8. 有樣學樣，以身作則
飲食，和任何兒童教養一樣，最關鍵的影響力，來自大人的言行身教。孩子不見得會依我們所說而做，卻會視我們所行而為。

如果我們自己有許多不愛吃而不肯試，或不肯煮的菜，如何期待孩子去多嚐試，多吃菜？如果我們一看到零嘴就忍不住抓來吃，或一坐到電視機前，甚至一無聊就想吃，如何指望孩子節制？如果我們管不住自己的甜牙齒、只愛喝飲料，又有何理由不給孩子吃這些東西？

與其說要改善孩子不良飲食習慣，不如將這個機會轉化成讓全家更用心飲食的契機。食物是美味，是記憶，是歡樂，是健康，是教養；也是自我要求，是鼓勵節制，是改變家庭關係的觸媒。只要我們一直需要吃，那吃得更好的機會，就一直存在！

——— 食慾，食育 ———

現代孩子好忙，學校課業、校外補習、各種才藝課，有的一整個禮拜行程滿滿。家長隨時都在督促孩子學習新知識新技能，但對於每天吃進肚的東西，孩子多半盲然無知，成了典型的現代「食盲」。

我這個世代的人，就算生長於都會區，很少人不知道米飯出自稻穗，蛋來自於雞，蔬菜自土裡抽拔而出。現代孩子呢？

一項針對英國小學生的研究發現，不到四分之一受訪孩子知道漢堡肉來自於牛，還有人說蛋是羊生的，起司從蝴蝶而來。優格呢？四分之一受訪澳洲小孩說，長在樹上；還有五分之一的孩子認為義大利麵是動物產品。北美洲孩子最喜歡的「蔬菜」是薯條，卻與做成薯條的馬鈴薯，相見不相識。年紀大一點的孩子，也好不到哪兒去。英國青少年能認出培根、蛋和牛奶來源的，只有三分之一。

雪上加霜的是，受到重調味加工食品的影響，現代孩童已開始失去味覺。日本東京醫科齒科大學針對中小學生調查發現，21%學童分辨不出酸味，14%認不出鹹味，6%分不出苦味和甜味。

除了全球4200萬5歲以下兒童過重或肥胖的事實，可以理解的，「食盲」是另一個工業化食品時代無可避免的飲食失調產物。當人與土地疏離，看不到食物原形的加工食品充斥市面，逐步攻佔孩子的餐盤，甚至破壞他們分辨五味的味蕾時，我們無法苛求孩子對所吃所食有所體悟，自然也無法向孩子解釋擇食與身心健康之間的關聯。

先前我們談了不少從學習、教養及如何針對食物與孩子互動，來培養孩子良好的飲食習慣，幫助他們吃得更好更健康。但如果孩子不知道健康食物長什麼樣、從哪裡來，不懂得食物、它所生長的土地和我們之間的連結，那這個健康飲食的拼圖，永遠缺了一塊。

覺得應該吃、願意吃健康食物，是一回事；發自內心喜歡去吃健康食物，是另外一回事。想想

看，如果吃健康菜需要靠決心和毅力去執行，那吃起來怎麼會好吃？大人小孩都一樣。因此，要培養孩子「一輩子受用」的良好飲食習慣，唯有「心甘情願」，才是可長可久的保證。研究證實，幫助孩子成為「識食者」（food literate），了解食物從哪裡來、如何去烹調，正是引導孩子主動親近、欣賞好食的關鍵。

為了對抗日益惡化的兒童肥胖問題，英、美、日等先進國家已開始在校園、社區展開食農教育。英國型男名廚傑米‧奧立佛10年前開始進入校園，帶領孩子認識食物、教孩子做菜，不只翻轉了英國中小學校園午餐，也促成英國政府在2014年正式將烹飪列入教學大綱，規定中小學生在畢業前必須學會20道料理。這股飲食革命浪潮，也從英倫持續延燒至全球五大洲，掀起許多社區和家庭的餐桌革命。

台灣也有一群人，憑著一股熱情和使命感，從友善食材、友善通路，到校園食育、綠色餐廳，逐步踏出飲食改革的步伐；推動立法，發展食農教育的討論，也已開始。

但孩子一天天長大，等立法通過，學校開始進行食農教育，孩子已錯失關鍵的學習先機，飲食失調可能已深植血脈。何不現在就開始，確保孩子將來不會花費大量時間精力減肥，或對抗疾病？食農教育的第一步 -- 認識食物，可以從自家廚房和餐桌開始，也可以從帶孩子買菜、參觀農場，或體驗農事來進行。

學齡前孩子，天生都有好奇探索的本能，只要能運用到五官感知，提供手做及時成就感的事物，很難不吸引他們，廚房、菜園、做菜、種菜、撒子、灌溉，剛好成了絕佳的環境和媒介。

因為有個喜歡在廚房裡舞鍋弄鏟的媽，豆豆從嬰兒期開始待在廚房的時間就很頻繁。學步前，他不是坐在搖搖椅裡睜大眼睛看媽媽為他準備色澤豐富的蔬果副食品，就是乾脆坐在吧台上看著五顏六色的蔬果汁伊伊軋軋自榨汁機裡轉出。2歲半時，他會在我備餐時向我討砧板和刀具，一咕溜爬上廚房吧台的高腳椅，伸長了手攔截我切菜板上的香菇芹菜紅蘿蔔片，有模有樣地切鋸起來。他的小嘴因專注而噘起，兩頰隨用力切鋸的動作左右嘟挪，還會隨手抓起插在吧台上的新鮮薄荷葉和胡椒罐調味。3歲時，他已能指導把拔從零開始製作美式煎餅。4歲的豆豆，衣服正反面常分不清，鍋碗瓢盤卻操弄得挺熟練，打汁機、榨汁機也用得很上手。在我還來不及理解怎麼回事前，他已一副廚房老手的氣派。

老實說，當時的我沒有想太多。說他熱愛廚事，不如說他享受手做，就和他喜歡跟在把拔後面洗車、剪樹枝、鏟雪，或搶著水管澆菜一樣的樂趣。如今回想，這些早年的廚事經驗，可能已在他心中播下了種子。那些備料品嚐時的對話，例如我說「果汁不夠甜嗎？再加點香蕉！」、他問「為什麼我們家的飯不是白色的？糖是深棕色的？」「為什麼我吃的蘋果好小顆，別人的都好大顆？」等等，既傳達了真食物概念，也置入了天然飲食、友善農業的價值觀。

等豆豆再大些，手眼協調能力更好，鍋鏟拿得更

穩,也會讀書識字了,做菜、買菜變得更有趣。用回收罐在有機超市雜貨區裝填穀物或打油打蜂蜜,是他的最愛;也能輕易在青椒和紫色高麗菜間,決定當晚想吃的菜;或者閱讀沙丁魚罐頭的成分,考慮要買油漬或泡水的品牌。但這些經驗,比不上經常上市集和農夫面對面,這個媽媽那個叔叔的和食物串連起來的印象,來得真實深刻。

他知道嚐來苦中帶甘的苦瓜,是跟媽咪講台語的張媽媽種的;他愛極的紅甜椒和嫩綠鮮甜四季豆,是喜歡逗他、總要他吃了後回報心得的傑夫爺爺種的;正咬得油脂噴香的放牧豬排,可能來自喜歡戴鴨舌帽的艾倫叔叔,或是和媽咪一聊起來就沒完沒了的傑夫爺爺;種了各色蘿蔔,滿臉胳腮鬍的麥可叔叔,他長長的蔬果攤下隨時可能冒出正在啃番茄的小傢伙里歐(麥可的學步兒)。還有那位滿頭白髮的奶奶,她種的迷你西瓜小黃瓜(watermelon cucumber),外型可愛口感爽脆,

和她漏失門牙講話的口風一樣,令他忘不了。

我相信,通過味蕾與肚腹對美好食物的實際感知,及透過生產者與食物來源產生連結,是啟發孩子真心去欣賞、珍惜每一口食物,自然去尊重莊稼人與土地最踏實的門徑。這也是環境教育的第一步,比抽象的永續生態概念,更能被孩子接受理解。例如當我向豆豆解釋因為今夏雨量破百年來記錄,以至於他午餐盒裡的小甜椒不如以往來得甜,而這爆超雨量可能是人為因素導致的氣候異常,他的小腦袋裡自然有了人食地相互依存的概念。

我也忘不了帶6歲豆豆參觀逐水草而居的草飼牛牧場後,他對「不是所有牛隻天生平等」的激烈反應。當他興緻勃勃地聽我說完穀飼牛(就是一般大眾偏好、吃基改玉米而多油花的牛隻,對大眾健康和生態造成極大傷害)不幸的生長環境

後，天真激動地對我說想殺了那個不給牛吃草、強迫牠們吃玉米，害牠們短暫一生都在脹氣腹痛中苟延殘喘的農夫（其實是體制），最後還忍不住掩面哭泣，流下童稚卻真情的眼淚。那一刻，他讓我了解到飲食、環境教育從小紮根的必要。孩子的正義感、同理心和真心摯情，可以成為將來守護他自己和家人一生健康的能量，也可以是改變未來消費型態的一股洪流。

實行食農教育的社區也有類似發現。針對低收入戶小學生推行食農教育的加州沙可曼都「食識中心」（Food Literacy Center）發現，還沒有開始課程之前，82%受訪幼稚園和一年級孩子說健康點心不好吃；課程開始1個月後，那些說不好吃的小朋友都改口了，92%小朋友說好吃。另有75%幼稚園到五年級的孩子說，食物來源很重要。食識中心的課程包括教導孩子基本烹飪技巧、營養知識、對食物和蔬果的欣賞、品嚐新食物，及農業對生態（例如蜜蜂）及環境的衝擊等。

如果孩子已出現不良飲食習慣，光教他認識食物的生成來源或參與廚務，不見得能改變挑嘴、偏食或愛吃零嘴的習慣。但很多時候，當人與食物、人與土地的距離被拉近了，確實會迸發出令人振奮的火花，像是原本不愛吃蔬菜的孩子，因為菜是自己種的、自己採收的，甚至只是自己從市場挑選的、或幫忙大人做成的，就心甘情願吃光光！

理由很簡單，因為那給了孩子參與和掌控的獨立自主權，因此得來的成就感也在無形中轉為自信心。這種能即時轉化、短期見效的學習潛能，是孩子最大的本錢，也是家長能趁勢利用的最佳工具。

想想食物印記，想想孩子碗中的未來吧。與其送孩子去上用了大量人工色素和精製加工食材的兒童烘焙課，強化已經被扭曲的飲食印記，不如帶孩子上市集、到田野間採集品嚐新鮮果蔬，或在陽台後院栽植幾株蕃茄菜苗，讓孩子參與見證食物的生長。要孩子有健康食慾，就從食育開始吧。當食物、身體和自然找到關聯時，健康的個體、社區和地球，才有實現的可能。

——— 孩子可參與的廚務 ———

除了親近認識食物，培養擇食能力，讓孩子參與廚務還能教導他們多項技能和知識，包括味覺體驗、算數（量匙量杯的換算）、閱讀（食譜）、科學（麵糰發起來了！）、營養（顏色愈多愈鮮豔，愈營養）、環保回收、烹飪技巧。過程中還能激發孩子創意（三明治用什麼內餡、餅乾作何造型等），建立孩子自主獨立精神和自信心，也間接傳達了為家人奉獻的重要性。

豆豆3-4歲之前，我其實沒有刻意，也很少主動邀請他參與廚事。可能我太常待在廚房裡，整天和媽媽泡在一起的他，自然跟前跟後，有樣學樣。他的雙手協調度一向比同齡孩子靈巧，或許這也是手做廚事吸引他的原因。大部分時候，只要他看到我在調理檯上忙，就會自動晃過來，主動要求做這做那。

他的專注力和協調性，常讓我驚訝。我在廚藝課上教老外用牙籤去腸泥，有人試了幾次還抓不到要領，4歲的豆豆教一次就會了。有時我看他拿刀難免緊張，他反過來安撫我：「媽咪，別擔心。我會小心，不會傷害到自己的！」才7歲的他，已經能做不少兒童烹飪專家説10-12歲孩子才能勝任的廚事了。我覺得他的自信心，很多是在廚房培養出來的！

以下是我有記錄到的，豆豆在不同年齡階段，在大人監看下參與的廚務，或許也能成為你鼓勵孩子體驗親子共煮的參考：

[2-3歲]

用自己專屬的鍋具刀鏟，和媽媽一起切菜備料；把蔬果放進打汁機裡；開關調理機和打汁機；擠檸檬；剝洋蔥；手撕沙拉和香草；幫忙搖勻玻璃罐裡的沙拉醬汁或攪拌。

[3-4歲]

麵粉過篩;自己準備早餐煎餅食材、備料;自己榨汁打蔬果蜜;用湯勺擠出泡菜罐內氣泡;和麵、攪拌麵糊;幫催芽罐過水潤芽;用蔬菜丁裝飾珍珠丸子;用堅果裝飾馬芬糊。

[4-5歲]

為歐式麵包整型;用牙籤去腸泥;過濾克菲爾益菌飲;和麵揉麵;自製美式煎餅(從頭至尾,包括煎煮和翻面);用湯匙挖出酪梨果肉;將麵糊舀進馬芬烤盤裡。

[5-6歲]

擀水餃皮、包水餃;自己用量杯量匙;幫忙攪拌炒洋蔥;用刨刀磨蘋果泥;做拉麵;做蔥油餅(從頭到尾,包括煎煮);切剝柚子;用叉子搗香蕉泥;用冰勺舀餅乾糊置於烘焙紙上;打蛋入麵糊;將打好果汁倒進製冰盒裡;為披薩加內餡;首次在爐台上炒菜;為自己的生日蛋糕塗奶霜,以水果裝飾;以擠奶袋擠堅果奶;切割麵團;做生機蛋白質棒;用刨刀削蔬果皮;用開罐器開罐頭。

[6-7歲]

用成人刀具切菜、削玉米粒;將菌菇茶分裝到小玻璃瓶;用杵缽研磨香料;切歐包;烹煮晚餐主菜;煎荷包蛋;煎肉片;以漏勺擠壓味噌入湯;做免

烘焙的生機甜點如巧克力慕絲;捲花捲(麵包)。

朋友開玩笑說,我這樣「訓練」豆豆下去,他會嚇跑很多不會做菜的女生,將來恐怕討不到媳婦。我這媽看法正好相反,會做菜的男生是萬人迷,大家應該會搶著要!玩笑歸玩笑,這個當初無心插柳而今萌芽抽長的自然發展,主要養分其實是孩子與生俱來的玩心玩興。大人只要提供機會,孩子驚人的潛能和爆發力,有時擋都擋不住。

坦白說,我最在意的,不是豆豆將來可能擁有的烹飪技法和知識技能,而是他在過程中培養出的擇食能力及不怕下廚的自信。我只是一介家廚,切洋蔥、削馬鈴薯的速度永遠比不上廚藝學校的畢業生;我能傳授給孩子的,絕不是什麼獨門訣竅和技藝。但我希望他擁有不畏懼拿刀鏟,不怕下廚的那份自在。

他終有一天要離家,出外求學或工作,我期待他將來面對「今晚要吃什麼?」的問題時,有清楚應對的本事,能毫不猶疑,自信滿滿地走進廚房(也許是大學宿舍、出租公寓,或者他成家後的自家廚房), 為自己(和家人)準備一頓簡單而滋養身心的餐食。

我有信心,這一天將會到來。

Time to act
實作篇

你已經對如何培養健康食者了然於胸，並且躍躍欲試；也知道孩子挑嘴偏食不願嚐新的原因，有心改善孩子的飲食習慣；甚至想利用此機會，一併改變全家飲食，那 Part2 及 Part3 實作篇就是你的行動指南。

接下來要分享的，包括我的全食物廚房組成配置；如何選購健康安全食材，避免踩到食安地雷；如何讓孩子願意嚐試討厭蔬菜；如何在半小時內為孩子製作營養均衡的午餐盒；如何透過飲膳廚事，吃出更好的地球；還有每個人都該擁有的，屬於自己的，媽媽的味道。更重要的，我設計了 69 道適合全家人（包括嬰幼兒）共享的美味健康餐點，供實踐參考。

不算卡路里，不數營養素；多彩多滋，種類多元，是我餵養家人孩子的煮食原則。但為了滿足多數人對營養知識的渴求，我竭力附上相關資訊。要強調的是，全食物大於所有它能被解構的營養素總合。只要能做到大部分時候吃全食，把握彩虹攝取原則，蔬果多於魚肉，種類多元，飽了就停，那就算完全不懂營養，也能吃得均衡健康。

若要進一步提高飲食中的營養效率，可以多攝取以下 3 種工序準備的食物：

（1）浸泡 （2）催芽 （3）發酵。

Part 02

我的全食物廚房

My whole food kitchen

若能以全食物打底，
那一頓頓滋味豐饒、營養均衡的家常餐，
及催化孩子成長能量的真食物點心，就不遠了。

◇ 我的儲食櫃
—— 全食材打底， 美味滋養少不了

有些兒時記憶，就像媽媽看到孩子跨出第一步那樣，讓人忘不了。

例如颱風淹水天，我雙手捧著泡麵坐在三合院的戶定頭（門嵌），一邊唏哩呼嚕吃麵條，一邊小腳踢呀踢的撩撥未完全消退的潮水。那畫面，始終停留在我腦海裡。到底是泡麵好吃，還是淹大水好玩，或者兩者交織的印象在我小女生的腦袋裡撞出了魔法，我已無從辨認，只知道後來泡麵化成了一條絲帶，貫穿著颱風天的記憶。不論是在童年生長的宜蘭三合院，在有著長長豬舍的土城外婆家，或在成年後台北東區的單身公寓裡，那記憶，那深刻，一如青春期的我在停電的颱風夜躲在床上練金庸時，手電筒在黑暗棉帳裡投射的光亮 。

泡麵的記憶猶新，但泡麵，已經離我好遠，好遠了。離我的孩子，更遠。

現在我家平日飲食，不乏當令在地、有機栽培生鮮蔬果，和來自在地小農的放牧奶肉蛋品，就算冰箱快空了，外頭正急風驟雨下大雪，或因故無法出門採買，不吃泡麵很久了的我，櫥櫃隨便翻

搜，總能端出營養不打折的豐美佳餚。是啊，談到吃，如今的我不太能被記憶收買了。泡麵的回憶很美，就讓它留在回憶裡吧。這是理性戰勝感性、身心進化的結果，但另一種說法，也因我有個隨時可以滋養身心的天然全食物廚房。

像冰箱快空又出不了門時，煮一鍋自製味噌海帶

湯,打顆蛋、下把蕎麥麵,搭配冰箱裡常備的一兩樣泡菜醃漬菜,可不比吃泡麵強太多?也可煮一小鍋藜麥,拌進兩匙初榨椰油,再撒上紅藻碎、一小把松子,摘幾枝後院裡的薄荷切進去,就是一道風味柔和、營養到位的「飯」;或者燒一鍋水,下全麥義大利麵,用解凍的自製青醬、油漬番茄調味,食用前撒上堅果或種籽。再功夫一點,用冷凍庫裡常備的煮熟乾豆、冷凍蔬菜和多種香料,煮一鍋咖哩。

這時我廚房裡很少出缺的常備生鮮食材,例如洋蔥、紅蘿蔔、地瓜、豆腐、酪梨、蘋果、檸檬,依菜色適時適量添加,都可以讓以上每一道餐點增色添味。雖說難以和平日多彩多滋的煮食調配相較,反正出不了門,善用常備食材得來的簡單滋味,或許更能喚起細細品味的心思,因而成就佳餚,留存豐美。

用「麻雀雖小,五臟俱全」來形容我的全食物廚房,再貼切不過。去除一個比例顯大的工作檯兼吧台--延伸了視野,活絡了備餐自由度,但大大減縮了頂頭收納空間;再扣除鍋碗器具領域,剩餘用來儲食的方圓,若以一個種類多元、品項豐富的全食物廚房標準來看,確實顯得擁擠。如果食材也能吭聲說話,大概會嘟著嘴抱怨我讓它們摩肩擦踵,甚至被迫疊羅漢吧。

廚娘我卻得意得很。房子不是我所蓋所設計,在現實條件無法改變大環境,夢幻廚房尚未有譜之前,我並不因儲食空間的侷促,動搖打造多元全食物廚房的決心。畢竟創造美味以滋養身心,對我來說,是廚房最終極的功能,它讓我不管為了什麼理由下廚,浪漫詩情自娛娛人也好,滿足口慾編織記憶自我療癒也罷,任憑指間起繭、火紋上身,日日流連而終能身心安頓。

不像美國廚房常見的設計,因為空間不大,我的廚房並沒有隔間或劃設特定區域來儲食的條件。所謂的儲食櫃,不過是利用既有廚櫃,依我的烹煮習性、動線,來決定食材存放的空間位置罷了。

如果你站在我廚房中心,面對爐台,左右兩側是每日烹調必用、一伸手就拿得到的鹽巴胡椒和視需要出場的烹飪油;左上角那寬不過一呎的細長淺櫃,就是乾香草香料香精及各式海鹽居所,它們瓶罐相依前擁後簇,老實不客氣地佔領每一方吋。

隔著排油煙機,右上角那方淺櫃寬裕得多,是香料櫃的兩倍大,同樣三層隔開,上層存放少量市售罐頭,例如鯷魚、油漬風乾番茄、為冬天預備的番茄糊、來不及泡煮時用來應急的乾豆、椰奶等;中層由各色天然糖蜜盤踞,楓糖漿、生蜂蜜、糙米糖漿、龍舌蘭漿、初榨椰糖黑糖和甜菊精,一字排開;下層是中西茗品花草茶。咦,原本還有些零亂,這麼一清點下來,順勢挪整擺移,倒也不顯亂了。

一轉頭從右肩望去,挨著冰箱站立的那只狹長縱

深的立櫃，是我廚房裡瓶瓶罐罐各式乾貨的大本營。它說大不大，說小也還可以，寬1呎半、深2呎、高4呎餘。會顯擠，除了和它的體型有關，也因我的天然全食材種類多元而繁雜。這四層櫃由上而下大致這麼分配：

（1）市售全麥義大利麵條、亞洲麵條、各類海菜。

（2）各類果乾、部分超級食物（營養酵母、啤酒酵母、小麥胚芽、蜜蜂花粉、螺旋藻粒、紅藻碎dulse flakes）、各種烹調用油，及製作點心用的深黑巧克力、生可可粉、半甜巧克力豆，和角豆粉（carob powder，一種嚐來類似可可粉，但不含咖啡因和可可鹼，本身有甜味而不需或只加一點糖的乾豆粉，是許多人用來替代巧克力的天然食材）。

（3）和（4）用來存放數十種全穀（粉）種籽和乾豆。

如果可能，我真希望手裡有根魔杖，妙手一揮，把這直立深櫃拍扁再90度翻轉，成為貼牆而立、讓人一目瞭然的寬淺多層展示架。起碼我就不必像愚公移山那樣，每天將那些層疊的玻璃罐自深櫃中掏進掏出，只為了輪替烹煮不同穀類，以及確保每一類種籽乾豆三不五時有躍上餐桌的機會。

冰箱冷凍庫裡則有各類生堅果、去除了硬殼（如漢麻籽hempseeds、松子）和未烘烤的生種籽，及較易氧化的超級食物（如馬卡粉Maca Powder、猴麵包樹果粉Baobab fruit powder、甜菜根粉和螺旋藻粉）；加上冷凍蔬果、自煮乾豆、自製高湯、壽司海苔、偶有的自製歐包、饅頭、生機點心、鹹杯塔、青醬等，佔去四分之三冷凍庫，餘下四分之一給海鮮肉品瓜分。冰箱門上的堅果冷壓油、天然發酵醋、天然味醂和醬油，也都是一轉身可輕易取得的食材；還有散居廚房的自製發酵物 -- 幾乎一年到頭（除去出遠門度長假時）佔據吧台的菌菇茶（Kombucha，見280頁）、三不五時的克菲爾益菌飲、冬天的酸酵種、泡菜、味噌，和春夏時節的催芽罐 -- 生息不止的生命能量，常讓我在期待轉化中，驚喜感動 。倒是隱身客廳邊櫃的木耳金針香菇等南北貨，要多轉一個彎，多繞一面牆，反而吃用得少。

就像孩子「習慣了沒有，自然不會去要」的加工零食控管一樣，不管你的廚房設計如何、有沒有儲食櫃，「有了（食材），就會去用」。若能慎選安全健康、品質純優的全食材作為日常烹調飲食基底，那一頓頓滋味豐饒、營養均衡的家常餐，及催化孩子成長能量的真食物點心，就不遠了。

我在前著《原味食悟》裡，已針對不少全食材的個人使用習慣做說明，在此不贅述。倒是大家比較不熟悉（或說難以親近）的各式全穀類、近年名氣暢旺的超級食物，以及我不斷學習再認識的油品，在此特闢專章介紹。

全穀 Whole Grains
—— 破除全穀障礙，從心理開始

就像蛋白質和脂肪對發育中孩子的不可或缺，澱粉（醣類）是另一個孩子賴以生長的營養基石之一。絕大部分現代家庭攝取澱粉的問題不在量，而在質；就算知道該多吃營養比較完整的全穀類，少吃精製澱粉，但不是認識不足、準備不當，就是不知怎樣調理才能讓家人孩子願意吃。

我家開始食用全穀飯麵，是早在我當媽媽之前的事。這長達15年的歷程，家人早已習慣各種全穀物相較緊實有咬勁的口感，也能欣賞享受它們特有的香氣和滋養。孩子更不用說了，因為從在媽媽肚子裡就開始吃，等大到能自己餵食、辨食時，在家吃「飯」，自然就是吃全穀飯。即使風味、營養組成有異，每一種穀物都涵蓋了澱粉、蛋白質、脂肪、礦物質和維他命等5大主要營養素，理應是媽媽的好幫手，因為它們能讓孩子快速取得所需的營養。

但我了解，要吃慣了白飯的人吃糙米或其他全穀飯，幾乎都有口感障礙，我家人也不例外。十幾年前我開始將糙米和白米混煮時，我先生常邊吃邊皺眉頭，當時的他本來就不喜歡糙米口感，混煮後不是白米太軟就是糙米太硬，他更要抱怨。後來我發現，與其苦口婆心勸人改吃糙米飯，不如耍點小技倆，搞心理戰來得有效。

華人吃飯通常是不調味的。我因此從日本友人的調味飯裡得來靈感，只要將糙米五穀飯稍微調味，讓它擺脫「配飯」的角色和聯想，就可以和白飯劃清界限。當年我用初榨橄欖油低溫爆蒜末至金黃酥香，撒上海鹽、現磨胡椒，連油拌進煮熟糙米飯裡（見254頁），不過一個簡單動作，那油蒜酥的噴香，魔法似地轉化了糙米飯，勾起人吃油飯（口感本就比較Q彈有勁，類似糙米）的錯覺。雖然剛開始家人還是偏愛白飯，但三不五十穿插進來的全穀調味拌飯，

使其味蕾有機會去習慣它的口感，時日一久就不自覺地接受了，有時吃到一半才發現，欸，今天吃的是原味糙米飯耶，然後沒事地繼續扒完那碗飯。習慣了口感後，調不調味，都無所謂了。

同樣的原則，也適用於混合穀類的多穀雜糧飯。興致來時，我喜歡在基本油蒜拌飯之外，添進一小把切碎香草、酪梨丁，或炒蒜末時加進菇片；也可在食用前撒點種籽（例如芝麻、漢麻籽、或搗碎的亞麻籽）或超級食物撒粉（見92頁）。當然，也可以學日本人煮炊飯，加進魚肉海菜塊莖同煮。但我比較喜歡米粒分明，事後加進不需煮或烹煮適口食材的拌飯口感，而且它很機動，不論如何先煮一鍋飯，再視心情、手邊食材來調味。

我用這個心理策略，改變了不少原本說什麼都不肯碰全穀飯的親人朋友。除非是連試都不肯試，吃過我的調味五穀拌飯的，都是一口接一口吃下去，從來沒人說不好吃。所以是全穀飯的口感真的難吃，還是人的習慣難以打破？味蕾絕對可以重新訓練，但習慣要破除，卻得從大腦裡的頑固因子下手。這一點，只要大人繼續不放棄地給予機會，我覺得小朋友的改造成功率會更高一些。

若調了味還是無法接受全穀口感，那就採漸進方式，從白多糙少，逐步進化到半白半糙，也可加一點糙糯米進去改善口感，等習慣了再轉換成全糙（穀）米飯。

其他華人較不常食用的全穀類，如小麥仁、燕麥仁等，也都可以和各種糙米雜糧類混煮。我也喜歡將它們做成西式沙拉，以油醋和蔬果堅果種籽隨興結合，滋味口感更千變萬化。

冬麥仁

Ferro混合麥仁

莧米

燕麥片

蕎麥

玉米碎

野米

藜麥

三色藜麥

喜馬拉雅紅米

小米

全麥谷司谷司

碎全麥

短糙米

黑米

糙薏苡

以下是我習慣購自健康食品店零買區的常備有機全穀類，想吃多穀飯再依心情調配：

糙米（brown rice）

糙米是高營養、超能量穀物，擁有超過70種抗氧化劑、所有必需胺基酸、超高比例的錳（吃一杯就得到人體一日所需的九成量），還有人體製造抗氧化劑不可或缺的硒、造骨強骨的鎂，及豐富的鐵質；維他命B群和纖維含量也傲視群穀。短（圓）糙米本來一直是我家的基礎主食，這兩年發現美國糙米因土壤問題，含砷量過高，有機品也不例外，為了分散風險，我已不單煮糙米飯，也儘量降低糙米在多穀飯裡的比例，改以大量溫熱水浸泡加速砷毒釋出（無可避免也流失掉一點養分），並增加食用亞洲進口各類糙米，及開發、提高其他全穀雜糧類的攝取。如今看來，塞翁失馬焉知非福，能因此得享更多其他穀類各自獨有的風味、口感和營養，既擴展了飲食疆域，也同享味蕾身心俱足的福氣。

除了短糙米，家裡常備的糙米還包括長糙米、印度basmati香糙米、糙糯米，及以下的黑米和紅米。

黑米（forbidden black rice）

論風味，來自中國大陸的黑米，是圓糙米之外我最喜歡的糙米品種，生米粒呈飽和深黑色，浸泡後會脫色（正常現象）而浮現出深紫色，它味道溫和，有一抹淡淡的堅果香，我喜歡把它混進多穀飯中同煮，它的淡雅清香常讓人忍不住多扒幾口飯；也拿它來煮早餐粥品（見132頁）。

黑米含有糙米所有的營養價值，外加一般深紫色蔬果常見的花青素（anthocyanins）。花青素是超級抗氧化劑，能清除人體內因氧化作用產生的自由基，也是抗炎大將，但很容易在浸泡時流失，建議浸泡以4小時為上限，否則米粒還會破裂，影響賣相和口感。花蓮光復和雲林濁水溪一帶有國產黑米。

喜馬拉雅紅米（Himalayan style red rice）

和黑米一樣，紅米有著淡淡堅果香，煮時滿室馨香，吃時口頰留香。它烹煮後的粉紅色澤很討喜，是許多大廚愛用的米沙拉和調味飯食材。顧名思義，一般以生長於高海拔的喜馬拉雅山區國家所產紅米最負盛名，法國也有小量生產。台灣目前花蓮光復阿美族部落有少量生產。

糙薏芢（hulled barley）

薏芢大家都不陌生。但一般超市買到的薏芢，幾乎都是經過加工、磨除米麩和胚芽的珍珠薏芢（pearl barley），不是全穀。還好薏芢的纖維質散佈全米粒，不像糙米集中在外層會因加工被移除，珍珠薏芢因此比精製白米保留更多營養和口感。糙薏芢顏色較深，形狀較細長，烹煮時間也較長，我很喜歡它為全穀飯帶來的彈牙口感；也喜歡把它加進西式湯品裡，或做成薏芢拌飯（254頁）、薏芢沙拉。

燕麥仁／燕麥片
（oat groats ／ rolled oat）

燕麥是唯一經過加工後仍能保留多數營養的穀類，因為所有燕麥製品都起始於整粒燕麥仁。燕麥經去殼烘烤後，就是全穀燕麥仁（oat groats或oat berries）。燕麥仁經切割，就變成燕麥粒（steel-cut oats）；也可依蒸煮和壓扁程度，將麥仁依序製成傳統燕麥片（old-fashioned 或regular rolled oat）、快煮燕麥片（quick rolled oat）和即食燕麥片（instant rolled oat）。這些加工製程，都是為縮短燕麥烹煮時間，去除穀粒中的酵素以利保存；加工氣蒸時間愈久，碾壓得愈薄，終端烹煮時間就愈短，也愈沒有口感。難得的是，以低溫蒸汽浴加工半熟的燕麥片，雖然每進一步的製程就多流失掉一點營養，但結果差異不太大，多數養分都獲得保留。但我建議少吃已被完全煮熟、壓碎的即時燕麥片，主因它通常添加了許多改善風味口感的調和劑及加工白糖。

我一向把燕麥仁加在全穀飯裡；傳統燕麥片則

製成燕麥酥、早餐煎餅和燕麥粥，也加進烘焙點心裡，是我家吃最多的燕麥製品。若沒時間煮燕麥仁（1小時）或燕麥粒（20分鐘），那以頻率換取時間，常吃煮傳統燕麥片（10分鐘，也可免煮浸泡過夜，見138頁）或快煮燕麥片（5分鐘），也是享用這個超營養穀物的好辦法。

小麥仁（wheat berry、spelt berry、farro）
這三款小麥仁是我這兩年來加進儲食櫃的常備全穀物。味道如何？四個字：Q彈耐嚼。與它相較，糙米飯的口感算軟潤了。還好它的耐嚼不只表現在口感上，也反應在愈嚼愈香的風味裡。 我偶爾會加少量在全穀飯裡，大部分時候都以大量水單煮小麥仁，煮透瀝除水分後，拌上油醋和生鮮蔬果、堅果種籽或炒過洋蔥，做成沙拉（註：Farro是義大利和地中海

煮熟小麥仁。

料理常見的全穀類，是由三種古老品種小麥組成，包括上述的spelt斯倍爾特、einkorn和emmer小麥）。

全麥仁碾成的100%全麥粉（包括經混種的主流小麥粉和古老品種的斯倍爾特小麥粉）， 是我最常用到的烘焙麵粉。有心增加烘焙裡全麥比例者，可以選用軟白麥（soft white wheat，一種小麥品種）磨成的全麥粉，不只顏色、口感吃起來像精製麵粉，還能完整保留全麥的營養，很適合初入門者嘗試。

谷司谷司（couscous）

又稱北非小米，中東地區也有食用，前者體積如小米，後者形如胡椒粒或更大（看是以色列人或黎巴嫩人吃的），都是煮熟再脫水的小麥製品，成分和用來製義大利麵的杜蘭小麥（durum wheat）粗粉semolina同出一源。但不像義大利麵，全麥和白麵製品口感有明顯差異，全麥谷司谷司吃起來口感輕盈滑潤，實在沒理由買精製加工品。只要以1:1.5的穀水比，浸泡在滾水裡15分鐘就可食用，是來不及浸泡煮全穀飯時很速便的主食選擇。

碎全麥（bulgur wheat）

和谷司谷司一樣，中東地區常見的主食碎全麥，也是煮熟再脫水的小麥製品，但它是由整顆催芽後（營養更完整）的小麥仁直接切割而來，加工過程自然且未含人工添加物，算是全穀。碎全麥吃法和全麥谷司谷司一樣，是另一個我在清早趕時間備餐盒時常用的調味穀物。另一種碎全麥，叫cracked wheat，和這裡說的bulgur wheat不同，是必須煮熟才能吃的生碎麥仁。

裸麥（或稱黑麥，rye）

不只因它給了我黑森林的想像，我很喜歡摻雜著裸麥粉做出的歐包和煎餅的風味，儲食櫃裡因此不缺裸麥粉。裸麥也是所有全穀類中消化酵素（phytase）含量最高的穀物，浸泡穀物乾豆堅果種籽時，加進一點裸麥粉，有助消解其中的反營養物質植酸，讓人體更易於消化吸收。裸麥仁是我下一個想嘗試的全穀物。

小米（millet）

華人拿來煮粥的小米，在美國一直是鳥食主要成分，近年來因對麩質過敏者愈來愈多，而成為許多人用來替代小麥薏芢的零麩質穀物。多年前我曾加小米到五穀飯裡而惹來家人吃鳥食的聯想（味道也是），從此改弦易轍，做成調味沙拉是主要吃法，有時也加進自製燕麥酥裡增加口感；用乾鍋爆香的小米花，有著麥仔茶的焦香，當零食還不錯。許多研究指出，以小米為主食的飲食文化，因其中某些類黃酮化合物（flavonoids）作用，甲狀腺腫大的流行率偏高，建議有甲狀腺問題者少吃小米。一般人吃適量沒問題。

乾玉米粒和玉米碎（corn & cornmeal）

乾玉米粒用來做爆米花（見288頁），玉米粉則是打碎的玉米粒，義式玉米粥（polenta，見140頁）、美國南方玉米麵包（見256頁）主要食材。我也常拿它來撒在二次發酵的歐包上防沾。

有一些小個頭的穀類，其實是種籽，但因吃起來像穀物而成了所謂的「假穀類」（pseudo-grains），包括藜麥、蕎麥、莧籽、野米和苔麩（teff）。就營養價值來看，假穀類個個是超級食物，它們不含麩質、能中和人體酸性反應（alkaline-forming），而且非常易於消化吸收；不管是加在烘焙裡、做成粥品點心、當飯吃或拿來入菜，都能讓人開眼界、飽口福。

以下是我儲食櫃裡的常備「假穀類」：

藜麥（quinoa）

10年前我家開始吃藜麥時，那多是健康飲食狂熱份子才會吃的穀物，當時1英磅（456克）只要3美元。近年來它大紅大紫，尤其是聯合國農糧組織把2013年訂為國際藜麥年後，促成它普及化，售價也翻了好幾翻。需求帶動產銷，現在不只原產地的安第斯山國家和美國，連澳洲、許多非洲國家都有種植，台灣也有國產紅藜麥。藜麥的高營養價值、浸泡後10分鐘

part02

就可煮好、輕盈口感、淡堅果風味和極好消化吸收，怎麼看都是媽媽眼裡的perfect food，太適合來餵孩子了。它還能催奶，是我哺乳期間吃很多的主食，也是豆豆開始吃副食後首嚐的穀類。除了當飯吃、做西式沙拉，這個甜菜根藜麥塔（見250頁），大人小孩都拒絕不了。

蕎麥仁（buckwheat groats）

一般市售蕎麥麵裡的蕎麥比例，充其量是點綴，大部分食材是精製白麵粉。生蕎麥仁可不同了，是真材實料的種籽（全穀），有著淺綠三角椎身形，味道溫和口感鬆軟，浸泡後會釋出膠質（即自我保護的植酸和抑制消化酵素）而變黏稠，沖洗後可調味生吃或煮粥；也因它自然黏稠，有人直接以生蕎麥仁磨粉，應用在零麩質烘培裡。烘烤過的蕎麥仁（叫kasha）色呈淺褐，質感變硬，風味轉深，用它磨出的蕎麥粉有一股怡人的堅果香，是我常用的各式甜鹹煎餅主食材。

莧籽（amaranth seeds）

根據英文維基百科，莧籽和我們熟知的莧菜，屬於同一個大家族（莧屬），但是否就是我們吃的莧菜種籽，不得而知。美國有些農夫市集確實有人賣紅莧菜。近年因歐美颳零麩質飲食風，導致這個在墨西哥和非洲早已是傳統飲食一部分的假穀類，也和藜麥等古老種籽一樣，引起一般大眾注意。除了加進其他穀物煮多穀飯，還可磨粉入烘焙（見256頁的莧籽玉米麵包），或者像製作爆米花（見288頁）那樣，連油都不用加，一次一大匙進熱鍋，5秒鐘就爆出如芝麻粒大小、帶點焦香，吃起來會卡滋

莧米花。

卡滋的莧米花，豆豆沒事就抓一把當零嘴吃；也可撒在早餐優格、煎餅、粥或麵包上。

野米（wild rice）

既不是米，和米也沒關係。它的售價是所有穀類裡最貴的，平常我只加一點在多穀飯裡增添風味，只有在感恩節吃煮火雞大餐時，才會做應景的野米沙拉。根據英文維基百科，咱們華人愛吃的「美人腿」茭白筍，其實是源自中國大陸的亞洲品種野米，原名滿洲野米，是中國古代重要的主食之一。後來這品種受到黴菌感染，無法開花結籽，慢慢就演變成不吃籽（即穀），只吃它受感染後變腫大的根莖部。這也是為何採收茭白筍得在黴菌完全入侵，筍梗變黑之前進行之故。

81

要取寶，先開鎖
——全穀飯解碼——

全穀類雖然很營養，但如果吃的方法不對，既沒得到好處，輕則消化不良，重則可能導致體內礦物質缺乏。

全穀乾豆堅果種籽，基本上統統是種籽，具備可以發芽生長蛻變成植物的養分和潛能，那也正是我們期待從它們身上獲得的滋養。但那潛能會一直處在休眠狀態，直到時機成熟。在那一刻來臨之前，為了避免這些養分和能量流失，大自然的巧妙安排是把它們鎖在由植酸（phytic acid）做成的藏寶盒（例如全穀類主要在外殼和米糠）裡，盒內還有植酸鹽（phytates）把各種養分緊緊黏栓住，確定它們安份待在盒裡，就跟盒上加掛了個鎖頭沒兩樣。這不見得是壞事，起碼這讓穀物乾豆種籽可以在我們的儲食櫃裡經久耐放。

植酸也是反營養物質（antinutrient），會抑制體內消化酵素，導致人體對全穀種籽和其他同吃食物消化不良，也會干擾「用餐當時」（僅限那一餐）體內對於鋅鎂鐵鈣等礦物質的吸收。長期吃進太多植酸，還可能導致體內礦物質（尤其是鐵和鋅）缺乏。

那如何可以在需要時開鎖取得盒裡的寶藏，同時甩脫植酸的糾纏破壞？有好幾個方法：一是浸泡，二是催芽（見110頁），三是發酵（例如做成酸酵種麵包）。浸泡形同啟動發芽過程，進而產生植酸酶（phytase）來中和植酸，既讓穀物裡的養分獲得釋放，也幫助人體消化吸收其本身以及同吃食物的營養。浸泡的另一個好處，是改善全穀的生硬口感，並縮短烹煮時間。

視所含植酸量多寡，一般穀物種籽浸泡時間至少需12-24小時；乾豆通常更長，有催過芽或發酵過更好。以黃豆製品來說，吃發酵過的味噌、納豆和天貝（tempeh，源自印尼的一種黃豆發酵品），就比吃一般只浸泡過的豆漿和豆腐來得好（市面上已有催芽產品），因為植酸都已被化解，養分都釋放了。浸泡穀物時加進一點酸（如檸檬汁、醋、優格、泡菜等發酵汁水）或裸（黑）麥粉

（因它植酸酶特高），烹煮時加一小片昆布，也都能進一步消解植酸。記得煮之前要多沖幾次水，把殘留植酸沖乾淨。此外，直接烘烤和長時烹煮（尤其是豆類）也能去除部分植酸，但因植酸酶已被加熱破壞，無法像其他方法那樣提高穀物乾豆堅果種籽的營養價值。

你說現代生活已夠忙碌緊張，為了吃個全穀米豆要搞得這麼麻煩？乾脆不吃算了！

其實只要養成習慣事先計畫，浸泡米豆終究會變成反射動作。理想的狀況是睡前浸泡隔天要煮的晚餐；若計畫生變，換過水繼續泡，久一點也無妨。

這兩年因攝取全穀種類更多，我乾脆想到就泡，反正小家庭不可能天天煮飯，煮一次可吃好幾頓，加上常常輪替吃不同穀物，我冰箱、冷凍庫裡隨時有不同穀飯待命，方便各種調理變化。何況花一點點心思，就能換取全穀乾豆堅果種籽的高營養，不虧還有賺，沒必要因「嗑」廢食。

但老實說，不管是浸泡、催芽、發酵，甚至併用這幾種方法，都無法保證百分之百去除（有些較容易，有些比較難）全穀乾豆堅果種籽裡的植酸，何況確實也有忘記浸泡，得馬上煮了上桌，或浸泡時間不足，或為求某種口感而刻意省略浸泡步驟的時候。因此平日多元均衡的飲食習慣相形重要，不應依賴全穀為主要或唯一礦物質來源，還有吃全穀時不忘一起吃富含天然維他命C（如生鮮蔬果）、A和D（如草飼牛油、放牧豬油、內臟、胡蘿蔔素含量豐富的蔬果）、鐵質（如放牧肉品）及高鈣（如大骨湯、未經高溫殺菌的生乳製品）食物，可能的話吃飯時佐搭一些富含乳酸菌和消化酵素的發酵類食物，就可以消抵因無法完全避免吃進植酸帶來的礦物質流失問題。

上圖・浸泡鷹嘴豆。
下圖・浸泡穀類。

超級食物 Superfoods
——— 現代人的營養特快車

其實,全食形態的蔬果魚肉全穀種籽油和鹽 ,每一種食物都有它獨特的營養和「超級」之處,透過人體神奇而複雜的生化反應,從嗅聞咀嚼那一刻起,與我們的身心產生即時對話。但現代生活的忙碌緊張,讓即使是飲食均衡者(包括孩子),也偶爾需要額外的戰備存糧。

這裡的超級食物,指的是日常飲食之外的「高密度營養」(nutrient-dense)食物。有些大家已聽聞或熟悉(因為來東方);有些來自不為人知的偏遠山區或古老文明,是自古以來生活其中的人們用以治病解厄、保守健康的功能性食物;有些甚至發生於人類之前,與亙古同存。儘管每個人對超級食物的定義不一,拜營養科學進步之賜及工業化飲食對人身心之戕害,這些食物逐一被西方世界發覺、珍視,儼然成為現代飲食墮落的救贖。

多年前我因自身病痛,很自然把超級食物納入飲食,成為多元均衡飲食的一部分。當了媽媽後,為了讓孩子更有效率的汲取營養,儲食櫃裡的超級食物種類也不斷增加。老實說,因為平日飲食已是相當多元的全食,而且採輪替攝取原則,我無法一一分辨哪個超級食物對我和家人產生了什麼神奇功效。但就跟吃柳丁得維他命C、喝乳製品取鈣質、吃全穀獲得B群和礦物質一樣,當你知道超級食物所含的抗氧化劑、植化素(phytochemicals)、維他命和礦物質,數倍或數十百倍於日常食材,且吃法在精不在多(孩子用量更少),自然會覺得吃它或給孩子吃,是一項正確的投資。用媽媽的腦袋想,就是餵養孩子又多了一層保障和安心。

但我要特別強調,沒有任何超級食物可以取代日常均衡飲食所帶來的穩定、持續滋養,畢竟沒有人天天吃煮超級食物,蔬果魚肉和米麵卻是輕易可得的。

以下是我儲食櫃裡常備的超級食物,來自健康食品店或網購。為了食用上的安全,建議儘可能購買有機品牌;為了維護生產者與勞工權益,也請以公平交易(Fair-trade)產品為優先。

A. 小麥胚芽

B. 生可可粉

C. 營養酵母

D. 猴麵包果粉

E. 螺旋藻粉

F. 生可可碎

G. 甜菜根粉

H. 枸杞子

I. 螺旋藻粒

J. 蜜蜂花粉

K. 奇亞籽

L. 亞麻仁籽

M. 馬卡粉

N. 椰蓉

O. 漢麻籽

P. 啤酒酵母

Q. 紅藻碎

R. 椰仁

S. 洋車前子粉

小麥胚芽（wheat germ）

光那一丁點小芽，蘊含了小麥仁發芽苗長所需的養分和能量，可見營養密度之高！它既是優質蛋白質、高纖食物，維他命B群（尤其是葉酸folate）、維他命E和鎂鋅磷鐵等礦物質含量也極高，很適合小孩和孕婦食用。可惜一般小麥製品為了長久保存，加工過程裡都刻意移除了胚芽。它帶點堅果的淡淡鮮香，很容易和日常飲食結合，加進優格、飲品、粥飯、甜鹹煎餅、沙拉或烘焙裡，都好用。做糕餅時，我通常用它來取代1/4或1/2杯麵粉，或當撒粉用。

藻類（algae，粉／粒／液）

如果地球經歷如電影情節的生態浩劫，什麼食物都長不出來了，聽說我們還能靠長在湖裡水邊（不論鹹淡）的藻類，多活兩星期！足見這些存在了幾十億年的小小藍綠藻（一種細菌），能量之強悍與延續生命之潛能。1大匙螺旋藻粉（spirulina powder，約7克），提供了4克媲美雞蛋的完全蛋白質，以及人體每日所需11%的B1、15%的B2、4%的B3、21%的銅和11%的鐵，還有豐富的鎂錳鉀鐵等微量元素，加起來才20卡路里。換個說法，吃2克螺旋藻所得的抗氧化劑和抗炎功效，比吃5份蔬菜還多！它還抗癌、抗敏、抗貧血、降血壓、降血糖、降壞膽固醇、改善肌肉耐力，難怪被譽為地球上營養密度最高的單一食物。不管粉狀或液狀，若小朋友同食，一小匙就夠了，可加入飲品、烘焙、沙拉醬裡；藻粒可直接撒在生菜沙拉或拌進調味飯裡。因味道像海菜，若孩子覺得腥嗆，可以濃味食材掩蓋。另一個明星藻類是破壁綠藻 chlorella，和螺旋藻一樣，兩者因含有大量的葉綠素，被認為是現代生活不可或缺的排毒聖品。我用的是液狀綠藻，通常加在飲品裡食用。

馬卡粉（maca powder）

馬卡來自秘魯安第斯山高地，外形看起來像整顆蒜球的根莖植物，當地人拿它當藥用已有幾千年歷史。古代印加武士就是依賴馬卡來增強、延長戰鬥力，是一種會依身體需要自動調節抗壓反應，但不產生刺激作用的天然適應原（adoptagen）。現代健康飲食者除了靠它增強體耐力，幫助腎上腺調節壓力，也用來改善性功能、不孕和平衡荷爾蒙。從營養觀點來看，馬卡粉含有約60種植物營養素，包括豐富的礦物質、胺基酸和植醇（plant sterols），大人小孩都能受惠。它有一股類似啤酒麥芽的甜味，我通常把它加進美式早餐煎餅、法國吐司蛋液裡，或者任何用到麵糊的甜鹹料理中；直接混進蔬果汁或粥裡也行。成人一天只需1-3小匙，孩子減半或1/4量。

海菜類

所有海菜都稱得上是超級食物。這裡要介紹的，是一種更方便食用，可直接生食的品種：紅皮藻（dulse）。它又名海生菜，是一種生長於北大西洋和北太平洋，長得很像紅葉生菜（red leaf lettuce）的紅藻類，是愛爾蘭、蘇格蘭和威爾斯人日常飲食的一部分。除了一般海藻都有的豐富礦物質，紅皮藻也因高蛋白質量，及一長串微量營養素和植化素而讓健康飲食者趨之若鶩。市售品包含曬乾的葉狀和磨碎粗粉（flakes），嚐起來有海苔的鹹香，前者可加進味噌湯（或任何湯）、泡軟後夾進三明治或手撕入沙拉；粗粉可直接撒

左圖・紅皮藻 ；右圖・蜜蜂花粉蕎麥粥

進飯麵或麵包上，我常用它來捏飯團或加進早餐粥品裡。

生可可粉／碎（raw cacao powder ／ nibs ）

這與一般較易買到的鹼化可可粉（Dutched cocoa powder）不同，算升級品。生可可碎（nibs）是由乾燥的可可豆壓碎而成，最接近原形；以低溫榨出油後磨成粉，就成生可可粉，仍保留可可豆的大部分營養，帶點酸味，顏色較淡。鹼化可可粉則經過多道程序的烘烤、鹼化去酸，養分流失較多，顏色和味道因此較深濃。生可可碎／粉是超級抗氧化劑，比相同份量的藍莓抗氧化功能高出10倍，而且它所含的鎂量，是植物界裡最高來源之一。鎂可放鬆肌肉、減少痙

攣，難怪許多女性在生理期間會想吃巧克力。雖然營養價值極高，生可可粉因含有咖啡因，且容易讓人上癮，建議攝取量適可而止，尤其是兒童。2歲以下兒童不建議食用。我通常用於生機甜點，偶爾也拿來烘焙做糕點。

蜜蜂花粉（bee pollen ）

是幼蜂的食物，其營養組成有4成蛋白質，其中一半是人體可直接利用的自由胺基酸，是極有效率的蛋白質來源。研究發現蜜蜂花粉含有幾千種（幾乎是人體所需所有）養分，還有一些神秘物質是研究者無法辨識，顯然也複製不來的。當研究人員在實驗室人工合成已知營養份的花粉，再放回蜂窩給幼蜂吃時，蜜蜂卻死了。研究者認為也

許就是這些無法辨識的物質，讓蜜蜂花粉成為超級食物。它能提高體耐力、幫助人體造血、降低對食物和煙酒藥物的癮頭，還能調節腸功能、預防細菌感染（天然抗生素）和花粉過敏（在地產品才有用），幫助慢性病人的恢復，及幫助兒童克服腦力和發展上的延遲。它帶點類似蜂蜜的苦甜味，我通常把它加進早餐粥品裡，與優格、燕麥酥一起食用；也拿來做生機點心或直接撒進沙拉和三明治。

椰子製品

我儲食櫃裡一直少不了椰子製品。椰蓉、椰乾主要用於烘焙；椰子水電解質近似人體血漿，是運動和夏天大量流汗後的天然電解質飲品；使用多年的初榨椰油除了食用，也從頭用到腳。初榨椰油裡的中鍊脂肪酸（主要是月桂酸），極易被人體消化代謝而直接轉換成能量，不貯存為肥胖細胞，是人體新陳代謝的調節者，減肥增胖都行，還能消炎、抗菌、抗老化、抗壓力、預防心血管疾病、提高免疫力，對糖尿病、腎結石和高血壓都有助益。可用來替代奶油塗麵包、拌飯、烤根蔬，或當皮膚乳液（尤其是溼疹）和深層護髮精用。

營養酵母（nutritional yeast）

這是藉蔬果培養，發酵、加熱後解除了活性的酵母，與具活性的麵包酵母和帶苦味的啤酒酵母不同，有念珠菌感染困擾者也可安心食用。營養酵母味似起司，嚐起來有鹹鮮味，是天然的調味料。它擁有8種必需胺基酸而成為完全蛋白質，還是豐富的維他命B群（有些品牌還含B12）、礦物質硒和鋅的極佳來源。我喜歡把它加進鹹煎

餅裡（替代麵粉和麵包粉），或與其他超級食材結合，成為多用途撒粉（見92頁），加進粥飯沙拉三明治或沙拉裡，也可當魚肉裹粉。

甜菜根粉

是由甜菜脫水磨粉而來，保留了甜菜根的大多數營養，包括鈣質、葉酸、鉀、錳等，還含有豐富的抗氧化劑和膳食纖維。我通常把它加進飲品、糕點、醬汁裡。

亞麻仁籽（flax seeds）

亞麻仁籽的食用歷史可追溯到石器時代！除了以高含量omega-3必需脂肪酸和抗氧化劑聞名，另一個重要營養素是木脂酚（lignans，一種植物雌激素），可幫助人體平衡荷爾蒙；高纖維量則幫助排便。除了是優質蛋白質，亞麻仁籽本身的黏性讓它很容易和其他食材結合，是零麩質烘焙常用的黏合劑。但人體無法消化代謝亞麻仁籽，必需磨成粉食用才能得到它的好處。可加進優格、煎餅或飲品裡。

奇亞籽（chia seeds）

一種古老種籽，最早使用記錄可追溯到5500年前的阿茲特克（Aztecs）文明，印加帝國和馬雅文化也以其為日常飲食，主要用來提高體力耐力。文獻記載阿茲特克運動員可以全天不吃東西，只靠每幾個鐘頭補充1匙奇亞籽來撐過為期幾天的艱難競賽，難怪當今運動員（尤其是長跑選手）人人吃它。現代研究證實奇亞籽的高密度營養表現在：omega-3必需脂肪酸高過亞麻籽和鮭魚（植物界最高來源），抗氧化能力高過藍莓，鈣質量高過牛奶，鐵質量高過

菠菜，鉀含量高過香蕉，而且是完全蛋白質、高纖食物（1大匙奇亞籽提供成人每日所需纖維量）。不像亞麻仁籽必須磨成粉（因而容易氧化）才能被人體利用，奇亞籽的高黏質和高吸水性，一方面保護種籽免於氧化，一方面也便於人體吸收利用，可整顆食用而不影響消化，是研究者和愛用者眼中的神奇種籽！因為味道中性，奇亞籽可以和任何食材混合食用，甜鹹不拘，加進優格、沙拉、湯品、飲料，拌進粥飯和甜鹹煎餅，加進烘焙或與水果混製成布

丁，怎麼吃怎麼對味。

漢麻籽（hemp seeds）

大麻的近親，但少了會讓人high的成分，主要以易消化的完全蛋白質、必需脂肪酸比例均衡（含omega-3），及豐富的次亞麻油酸（GLA），晉身「超級」之列，有幫助消炎、強化骨骼健康、提升腦力之效。一般買到的是去殼漢麻籽，口感軟潤而有堅果味，很容易入口，我常把它加進美式早餐煎餅、撒進粥飯沙拉裡，

漢麻籽法國吐司。

或加進蔬果蜜、豆穀奶裡。另有罐裝漢麻籽粉（hemp protein powder），我通常直接加進飲品裡。

枸杞子（goji berry）

咱們華人用了幾千年的中醫藥材，近年成了歐美最受歡迎食療聖品之一。研究證實它的主要營養素組成均衡，光蛋白質就含有18種胺基酸（包括8種必需胺基酸），且微量營養素極豐，抗氧化能力佳，包括 β-胡蘿蔔素和其他莓果類極少見的茄紅素。枸杞還含有超過20種維他命和多種微量礦物質如鋅、鐵等。我最常把它與堅果種籽燕麥結合，做成燕麥酥或脆餅（見294頁）類點心；也常與黃耆紅棗合煮成茶飲，用於流感季節提高免疫力；或加進排骨雞湯裡。

枸杞黃耆紅棗茶。

巴西莓（açaí berry）

這個來自亞馬遜雨林，大小如藍莓的深紫色莓果，被當成藥用和食用已有幾千年歷史。光看它顏色，就知它含有極豐富的花青素（一種抗氧化劑），其抗氧化能力指標（即ORAC值，以每百公克為計量單位，數值愈高抗氧化能力愈高）達10萬，是所有檢測過食物中抗氧化能力最高之一，是藍莓的10幾倍。它還擁有健康的單一不飽和及多元不飽和脂肪酸（和橄欖油組成類似），豐富的維他命、礦物質、植醇（可降低膽固醇）和胺基酸，而且低糖，對促進心血管健康、減肥、改善消化、提高免疫力、改善膚質、維持腦力、抗癌、抗老化、增強體力等都有助益。南美洲以外地區買到的多是乾莓粉或冷凍果渣，可直接加進蔬果蜜等飲品或優格裡。購買時請注意加工方法，冷凍乾燥品比高溫加工或濃縮製品（通常也經高溫處理）好；混合果汁或加糖的相關產品都不用考慮。

猴麵包果粉（baobab fruit powder）

被譽為「生命之樹」、「維他命之樹」的猴麵包樹，主要生長於非洲南部，是馬達加斯加島的國寶樹，也是非洲大草原區人們賴以維生的樹種，樹幹可用來蓋人與動物的居所，樹皮作繩索和衣服，樹葉做成調味料和藥物，大如椰子的果實（通常生磨成粉）則含有大量維他命C、植物裡少見的極高鈣質，和豐富的鉀鐵鎂鋅銅等礦物質；它的抗氧化能力名副其實爆表，高達14萬，是所有測過食物之冠，高過明星產品巴西莓的10萬，和藍莓的6-9千（視來源植物），加上它有一半是膳食纖維（3/4是可溶性，1/4不可溶性），使它成為超級中的超級，

可增強體力、提高免疫力、平衡血糖、促進心血管功能、消除疲勞、改善睡眠品質、維持大腦清明、加速運動後的復原，它的高纖還能幫助減肥。猴麵包果粉嚐來微酸，有點介於檸檬和梅粉之間的味道，我通常混進飲品裡或直接加水泡來喝，極易入口。

啤酒酵母（brewer's yeast）

就是釀啤酒所用的酵母菌，含有豐富蛋白質、維生素B群，及鉻、硒、鋅等十幾種礦物質和微量元素。其中鉻能平穩血糖，對糖尿病人有助益。因它有苦味，我不曾給豆豆吃過；也有一說它含磷量過高，會影響鈣質的吸收，不宜給嬰幼兒食用。我偶爾會加在早餐粥裡，用它來提振精神、減輕壓力。

洋車前子纖維粉（psyllium husk）

一種天然膳食纖維，以營養價值來看，其實不能算超級食物，但從精製加工品掛帥的現代飲食來看，是有它超級之處。它可幫助腸胃蠕動，清除腸胃道裡的廢物，改善便秘問題，也有利平穩血糖和膽固醇；而且它吃來很有飽足感，有助減肥和控制食慾。

飲食裡缺乏蔬果和全穀者，可適量補充，是我以前斷食期間用來減緩排毒症狀的補充品。近年因加拿大籍健康飲食諮詢師兼食書作者 Sarah Britton 的「那條改變人生的麵包」食方，成為零麩質高纖種籽堅果麵包的明星食材。因它遇水會膨脹，必須以大量清水泡服（1小匙對1杯水），才不會哽噎在喉。除非有醫生處方，不建議兒童、孕婦或哺乳者食用。

Superfood sprinkle
超級食物撒粉

家有嬰幼兒
For the babies

將撒粉進一步打碎後，可以混進貝比吃的粥或香蕉泥裡，也可直接加水成糊，或混進其他副食裡餵食。只要確定不對麥麩過敏，開始吃副食的任何階段嬰幼兒，都可以食用

這個撒粉的靈感來自於台灣有機店販售的「三寶粉」（芝麻、啤酒酵母、大豆卵磷脂和海藻粉）。幾年前返台時，我買它來加進豆豆的燕麥粥裡，方便營養又可口；給有習慣吃粥的公公和媽媽各買一些，口碑也很好，還帶了兩包返美。後來一想，這些食材都是我儲食櫃裡的常備食材，不就混一混而已，幹嘛不自己做？還因我的全食物廚房食材豐富，常可變換不同組合風味。不只加在粥裡，撒進優格、沙拉，拿來拌飯、捏飯團，加進烘焙裡，為三明治抹醬提味增營養，或當麵包粉拿來裹烤魚肉…，真不愧是萬用超級撒粉！

食材（做1杯多一點）

- ☐ 小麥胚芽（wheat germ）1/4 杯
- ☐ 烤過芝麻1/4 杯（我用黑、白混合）
- ☐ 紅藻碎（dulse flakes）或其他海藻粉 2 大匙
- ☐ 亞麻仁籽 1/4 杯，現磨成粉
- ☐ 營養酵母（nutritional yeast）1/4 杯

作法

1. 以食物調理機、杵缽，或我用的小型磨咖啡豆機磨碎亞麻仁籽。
2. 取 1 個夠大的有蓋空玻璃罐，加進所有食材，攪勻即可。

油品 Oils
今日之是，明日之非？ ——— 烹調用油再認識

鮮美食材之外，我覺得影響食物風味最甚者，莫過於油脂。味道稍嫌單薄的菜，多加一丁點海鹽可以讓它鮮亮起來；淋一點好油則讓風味轉深，起死回生。但餵養孩子，除了好味，考量要再多一層，得兼顧安全健康。

大家都知道要多吃健康好油，發育中的孩子尤其需要，是大腦和神經系統發育的重要營養來源。但如何定義好油，連食品營養專家都無法達成共識，因為現代油品的食材來源、萃取方式，甚至使用方法，直接影響成品品質和營養組成。吃錯用錯了油，輕則得不到油脂好處，重則賠了夫人又折兵，連帶吃進一堆劣質化學添加物。

這兩年對油品的加深認識，讓我有了以下覺悟：一是營養研究日新月益，有些昨日之非已成今日之是（例如椰油，下一個可能是動物油），有些昨日之是成今日之非（例如反式脂肪和精製植物油），誰知道今日之是會不會又成明日之非呢？二是主流意見不見得可靠，唯有自求多福勤做功課，才有保障。以下介紹幾種我烹調

常備的油品。

一、特級初榨橄欖油（EVOO）

以植物油為例，目前取得最大共識的好油，是初榨橄欖油中的最高級特級初榨橄欖油（extra virgin olive oil，EVOO）。但是不是買到未經摻雜假造的真品，掌廚者得花一番力氣耙梳。假油不只存在於台灣，國外以劣質油仿摻橄欖油的現象更嚴重；橄欖油存在多久，仿冒、偽造、混摻的歷史就有多久，全世界皆然。前幾年加州大學戴維斯分校的抽檢就發現，近七成加州超市（大概可推論至全美超市）賣的進口品牌和一成加州產製的EVOO，品質都達不到EVOO標準，是名實不符的較劣等油或混摻貨。

我習慣備有兩種特級初榨橄欖油，一做日常烹調或快炒菜餚起鍋後的淋油，一用來調製醬汁或直接沾食。前者我習慣從有機店買加州產製品牌，除了價錢相對便宜，也因運輸里程較短，被移花接木造假的機率相對較低；後者風味價格都高一等，因不住在橄欖油產地，無法親至農莊勘查製

上圖‧我的烹調用油；下圖‧購買橄欖油前，先嚐再買更佳。

程，預做功課因此很重要，我主要以價格和氣味來決定。還好居住地有橄欖油專賣店，提供世界各產地不同風味的當季油品現嚐試味，憑所知所學，加上有得試，多一層保障，滿意了才付錢。

除了風味選擇多元，到橄欖油專賣店買油的另一好處，就是買到贗品的機率很低。因為這些油品都清楚標示產地、橄欖採收期（通常是當年貨，分南北半球產季。EVOO就是現榨橄欖果汁，愈新鮮愈好）、品質驗證標章、成份組成如抗氧化劑橄欖多酚polyphenos含量（通常300以下算低，500以上算高，愈高愈健康，但也愈嗆澀，不見得合味），和游離脂肪酸 Free fatty acid數值（FFA是油品酸度指標，0.8%以下為EVOO，愈低通常品質愈好 ），也不乏對橄欖油研究詳盡的銷售人員解答釋疑。

純正、好品質的EVOO通常在果香之外，帶一點苦澀、辛嗆，不見得入口平順。專家說，就是那個乍嚐之下讓人眼眉皺起來的「不尋常味」（off-notes），讓你放心地知道油中含有極高成分的橄欖多酚。根據「失去貞操的橄欖油：橄欖油的真相與謊言」（ Extra Virginity: the Sublime and the Scandalous World of Olive oil）作者湯姆穆勒（Tom Mueller）的說法，「那通常是上好橄欖油的指標，除非那個苦味或嗆味，強到壓過其他風味」。這促進健康的多酚，是EVOO中的主要抗氧化劑，正是我們吃橄欖油的目的。

但聽說要確切判斷EVOO的真假和品質，至少要一次品嚐30ml（我承認做不到，一小匙是我能忍受的），且要像品酒般那樣漱口，讓油在口中和唾液充分混合；好品質的EVOO在吞嚥後，仍會在喉嚨後端留一點灼熱感，是讓人感覺愉悅的辛香餘韻（peppery kick）。

除了初榨橄欖油（Virgin和Extra Virgin），其他類別橄欖油，如「Pure」（純）、「Light」（淡）或是泛稱「Olive Oil」等，綽號「橄欖油警察」的穆勒說，全部牽涉到化學萃取精製，去除了橄欖油的風味和營養好處，不值得食用。

如果無法先嚐再買，以下幾個方法也有助判別真假：

（1）價錢
貴不一定好，但便宜肯定沒好貨。台灣市場上動輒一兩公升裝、只賣幾百元的EVOO，一定不能買。我個人的經驗是，取得認證、驗明正身的EVOO，較大眾化的平價品一瓶（750ml）15-20美元，專賣店裡的較高檔貨則從30美元一瓶起跳。

（2）詳讀標籤
至少標明保存期限（Best-by date），確認

認不超過2年（裝瓶1年以上的橄欖油，風味營養已開始走下坡）；且認證標章清楚（較劣等油或混摻貨清一色沒經過認證），那包括有機標章，及通過成品化學組成和風味測試的品質標章（quality seal），可能來自加州橄欖油協會等區域組織或國際橄欖油協會（International Olive Council），這比是否印有「初榨」或「冷壓」字眼可靠，因為真正的extra virgin一定就是初榨和冷壓（其實現代都用低溫離心式榨油，石磨冷壓已不存在）。還有，油品顏色也不宜當品質評斷指標，因為橄欖品種多達數百種，形狀果色深淺不一，且很多劣質廠商會假造油色。

鑑於多數消費者仍相信義大利油品質最好，穆勒也特別提醒，凡是「Packed in Italy」、「Bottled in Italy」或「Imported from Italy」，都是混集地中海各國橄欖油，頂多在義大利裝瓶包裝再出口，並不是用義大利橄欖來製油，千萬不要被包裝上的義大利國旗或美麗的塔斯卡尼田園風光所誤導。另一個方法是看包裝上有無「PDO」或「PGI」（義大利文為「DOP」「IGP」）認證，那指的是在義大利特定地區用特定傳統工藝製造的食物，包括特級初榨橄欖油。

（3）冷藏測試法

很多（但有些品種橄欖例外）特級初榨橄欖油放在冰箱冷藏後，油會呈霧狀凝結，那是拜EVOO中高達70至85%的單一不飽和脂肪（monounsaturated fat或稱oleic acid）之賜。換句話說，只要你那罐放進冰箱幾天的特級初榨橄欖油不凝結，很可能是混仿貨。但光是冷藏測試會凝結這一點，還不足以證明是百分百EVOO。道高一尺，魔高一丈，以前混充油常用的葵花籽油（sunflower oil）、紅花油（safflower oil），都是多元不飽和脂肪（polyunsaturated fat）居高，冷藏不凝結，很容易用冷藏法來辯識真假；自從市面上出現高單位單一不飽和脂肪（high-oleic）的葵花籽油、紅花油和芥花籽油（canola oil）後，混摻這些油品的EVOO冷藏後也會凝結，讓消費者很難判別真假。

因此不能偷懶，接下來的步驟，也是重要線索。

（4）不買塑膠或透明玻璃瓶裝油

一方面因透明玻璃瓶會讓特級初榨橄欖油見光而氧化，減少其中的多酚值，也容易變質；另一方面優質橄欖油製造商通常很注重產品的品質和包裝，而只用暗色玻璃瓶或歐洲常見的小鐵罐裝。

（5）碟測法

據說是餐廳廚師最常用的方法。取一白色淺碟，倒幾匙買回家的EVOO上去，看它流動時的質地是否均勻，並確定比一般植物油濃稠很多，當然聞起來就得是橄欖味。

EVOO不能加熱？

一般人（包括以前的我）都認為高溫會破壞EVOO的營養成分，只能做涼拌或低溫烹調。但國際橄欖油協會及包括穆勒、瑪麗伊尼格（Mary Enig，美國著名營養學兼脂類生化專家，著有「Know Your Fat」一書）和理查加威

爾（Richard Gawel，國際知名橄欖油競賽評審）等專家都援引研究指出，好品質的EVOO，抗氧化劑含量極高，能防止加熱造成的氧化，冒煙點可達216度C（420度F），並不因加熱而破壞其營養組成，不只煎炒甚至油炸都沒問題。只是它風味濃郁，不見得適合所有菜式，成本也不是一般人願意投資或負擔得起的，因為這等級的好油，通常游離脂肪酸數值在0.2%以下，不是一般超市貨色。

這讓我不得不揣測，會不會就因市面上EVOO混摻油太多，其所含抗氧化劑偏低，冒煙點因此較低，才形成EVOO不耐高溫的的大眾迷思？無論如何，單是好油價昂，及熱度確實會改變風味這兩點，就無法讓我任性地全以EVOO來承擔煮務。倒是儲存時必須遠離光線、熱源（不會變質但會改變風味），用完務必旋緊瓶蓋以避免氧化等原則，無有異議。

植物油不完全可靠

我過去以為EVOO不宜加熱，而習慣以少量機械榨取（expeller-pressed）的有機芥花籽油或葡萄籽油來炒菜，起鍋後再淋上有機EVOO的做法，也因對橄欖油的重新認識而被放大評估。原來那些種籽油的耐熱度比我想像得還低，就算是不加熱的機械式榨油，其過程產生的磨擦熱度足以破壞脆弱的多元不飽和脂肪酸（種籽豆穀製油的主要脂肪成分），讓油變質變味，無可避免地必須再加工純化去味。明明經有機認證而不准使用化學製劑的油品如何進一步純化去味？我遍尋網海不得其解。也就是說，我以為安全

（只是沒那麼健康）的機械榨取有機精製油，可能還是含有某些添加物或不理想工序。坦白說，這讓我頗有陰溝裡翻船的感覺。在找不到合理解答之前，我決定這些種籽油和一般化學萃取高溫精製植物油一樣，統統不能吃，並急切找尋更安全健康的替代品。

二、優質動物性油脂

高品質EVOO太貴，長期荷包吃不消；已食用多年的冷壓初榨椰油安全又健康，但甜味太重，不適合中式炒菜。思來想去，只有把傳統食用油納入，至少多一個來源。是的，我說的就是豬油、牛油、雞油等動物油脂，但前提是，這些動物的飼養方式必須是健康的，牠們的油才有安全品質的保障。

的確，在反式脂肪及化學精製植物油有害健康情況下，近年來愈來愈多有健康意識的美國消費者回頭用不打藥、友善飼養的放牧奶油、牛油，甚至豬油來做菜。在此同時，就跟近幾年許多研究證實吃蛋不影響膽固醇（因此不用限量）一樣，愈來愈多研究發現，動物油脂裡的飽和脂肪和心血管疾病的發生，沒有直接關聯。意思是，多吃動物油不會讓人更容易得心臟病，少吃也不代表不會得；因為影響心血管疾病發生的變數，不只飽和脂肪一項，飲食是否均衡、是否攝取過量糖及澱粉等，都是重要變數。

我也曾避吃動物脂肪（包括有機放牧奶油），不是怕得心臟病，我家的飲食型態讓我和家人很難成為心血管疾病候選人，而是我一吃動物油脂，

part02

就屢試不爽地嘴鼻冒痘,量一稍多(例如外食)還會腸胃打結,消化不良。因此多年來我都以「體質不合」為由,儘量少吃動物油脂。

直到1年多前的健康檢查發現,我體內維他命D不足(明明常陪公子在公園野地曝曬而滿臉黑斑了呀!),加上美國研究發現有一半5歲以下和七成6-11歲孩童體內缺D(住北美洲就是危險因子之一,半數以上成人缺D),讓我不得不重新評估維他命D及其協同因子維他命K2含量皆豐的放牧動物油脂(一般集約飼養、打了很多藥物且吃穀物的慣行肉品和油脂,可沒這些好處),種籽油的出局,正好讓動物油脂來補缺。

我相信只要慎選來源,就算動物脂肪好壞爭論未休,對平日幾乎只吃多元全食物的我們,不致產生負面影響。何況研究證實,除了富含維他命A、D、K,比起一般動物油,放牧動物油的飽和脂肪較低,必需脂肪酸比例較均衡,單元不飽和脂肪酸、omega-3必需脂肪酸、維他命E、共軛亞麻油酸(CLA)等好油大幅增加,再度應證了友善環境和動物,也是善待人類自己的自然法則。

開始吃動物油脂後,直接受惠的,是荷包。過去烹煮在地放牧肉品時都儘量剔除的油脂,現在不只一起入菜,連烤落盤底的油脂,也蒐集來當炒菜油,偶爾也小份量自製豬油;經低溫純化,去除牛奶固形物且帶迷人焦糖香的有機放牧印度傳統酥油(ghee),則是最早加入儲食櫃的動物油。這個飲食改變,最高興的,莫過於一向愛吃肥油的豆豆和另一半。我呢,老實說,再營養,

似乎無法説服我這個新陳代謝減緩的中年身軀,「多吃這些油脂,難道不會胖?」我心裡嘀咕著。

直到在出版社編輯引薦下,讀了美國NTA(Nutritional Therapy Association)認證自然醫學營養治療師賴宇凡的「要瘦就瘦,要健康就健康一把飲食金字塔倒過來吃就對了」一書,我才被點醒,如果吃的是身體迫切需要的高品質好油,就跟我相信的特級初榨橄欖油或冷壓初榨椰油一樣,身體會去代謝運用,不過量就不會儲存成肥油;而且她的飲食主張,基本上就是我所熟知的,由美國衛斯頓普萊斯飲食教育基金會(Weston A. Price Foundation)倡導的傳統飲食,其中很多理念和作法,本就是我一直認同奉行的飲食原則。再看看她從遵循金字塔飲食的

80公斤大胖子，倒吃金字塔而在5年內蛻變成身材阿娜的窈窕淑女，狠狠削了30公斤，糖尿病也不藥而癒，她對放牧動物油脂的鼓吹和背書，確實比普萊斯基金會的苦口婆心，更具說服力。

至此，雖然我仍偶爾冒痘，但我家多年來最大飲食變革的食用油調整，終於塵埃落定。特級初榨橄欖油依然統包中西方料理，經認證的平價EVOO用來熱炒，價昂品用來生食；冒煙點也算高的豬雞油，穿插用於中菜熱炒；冒煙點最高的印度傳統酥油，主掌西餐和印度咖哩；部分南洋菜色和糕點烘焙多半交派給冷壓初榨椰油。需要用到低調無味的中性油時，就派機械式壓榨、蒸汽去味的有機精製椰油上場，雖沒吃到初榨椰油的全部好處，至少含9成飽和脂肪的椰油化學結構比植物油穩定太多，加熱後不會變質餿掉，仍可吃到以月桂酸（Lauric Acid）為主的豐富中鍊脂肪酸。

三、冷壓初榨椰油

冷壓初榨椰油的好處，我在前著《原味食悟》裡已著墨不少，主要因它所含的飽和脂肪酸絕大部分是中鍊脂肪酸（其中6成以上是人體母奶裡所含的月桂酸），非常利於人體代謝利用，可直接轉換成能量而不被儲存為肥胖細胞，是人體新陳代謝的調節器，用來減肥、增胖都行；而且它還抗菌抗炎抗老化，可提高免疫力，既不含膽固醇，還可預防心血管疾病，對糖尿病、癌症有助益⋯。雖然愈來愈多人知道椰油的好處，也了解不是飽和脂肪（包括放牧動物油

脂和椰油）就一定是壞蛋，因華人多半習慣清炒蔬菜，有些鮮蔬也確實較適合原味品嚐，因此味道濃郁，帶有一股甜香的初榨椰油，反而讓許多想吃它的人不知所措。

首先要澄清的是，初榨（virgin）和特級初榨（extra virgin）在椰油製造上，都是以機械方式，未添加任何化學成分、工序，榨取自新鮮椰子的油脂，本質上沒有差異，只是強調特級初榨，更利行銷。但風味上確實會因榨取方式不同而有差異，以下列舉最常見的兩種壓榨方式。

1.「離心式冷壓」（cold centrifuged）初榨椰油直接壓榨鮮椰仁取得椰奶油後，再以離心機分離油脂和其中的蛋白質、水分等雜質，過程中不受熱或只經受非常低溫、最接近生椰油原始狀態，因此味道最溫和，質感最細緻，是最上等的椰油，適合不喜歡椰子味太重的人使用。

2.「冷壓」（cold-pressed）初榨椰油通常先取出椰仁磨碎，經過乾燥步驟，再壓榨已烘乾或半乾的椰蓉取油，最後再濾除油中的蛋白質。步驟聽起來簡單，但因烘烤溫度和壓榨過程中所產生的壓力，各家不等，雖都不到改變椰油結構的溫度，變數相對較多，也因此產生不同品質和風味的椰油。通常所施溫度愈高，椰香愈濃郁；低溫冷壓的椰油，則接近離心式榨取，風味較溫純清淡。

大體來說，因為椰油結構非常穩定、耐熱，以上兩種榨油方式，都能製出優質的初榨椰油。最終選擇端視以下因素來決定：最少工序、加

工溫度最低、是否有機、是否為玻璃瓶裝（或至少不含酚甲烷BPA的塑膠瓶裝）、個人對風味的喜好、是否為公平交易產品。前4項因素加總最能確保椰油品質、營養價值和友善環境，若再配合後2項因素，對我來說就是最理想的初榨椰油。我目前使用的產品，離心式冷壓和一般冷壓初榨椰油都有。渴望濃郁椰香時，就用一般冷壓椰油，通常用在烘焙、塗抹三明治、拌飯、涼拌南瓜泥（見184頁）和泰式咖哩裡；需要幽微不搶味的清香時，就用離心式冷壓椰油，主要用在派皮、烤根蔬、熱飲上，也用來塗抹麵包。別忘了，椰油運用在皮膚和頭髮的滋養，更早於近年的食用風潮，可直接塗抹在皮膚、頭皮和髮根上；對溼疹也有助益。

完全不用種籽油後，我也在廚房裡添加了無味的有機精製椰油，主要因它冒煙點更高，可用在中式熱炒以及需要彰顯食材乾淨原味時。市面上精製椰油品質差異極大，絕大多數都以化學方法萃取、漂白和去味，有的甚至一開始就以腐餿的椰渣來加工。只有選購以機械榨取（expeller-pressed）的有機產品，才能確保不會買到以上兩種劣質精製椰油。還有，椰油在室溫會融化。為了提高融點，很多熱帶地區販售的精製椰油會經過氫化（hydrogenated）處理而產生反式脂肪（trans-fat）。如果夏天的台灣還看到固態椰油，那肯定不能買。其他季節務需詳讀成分標示，以避免買到反式精製椰油。

各種椰油。

Ghee
印度傳統酥油

澄化奶油（clarified butter），指的是加熱去除奶油中的水、乳糖和牛奶固形物後所得的純奶油。印度傳統酥油（ghee）則是在澄化了奶油後，繼續加熱到牛奶固形物成奶酥，油色呈金黃具焦糖香，氣味之濃郁更甚奶油，之勾魂令人無法抵擋，是印度傳統食用油，其冒煙點是所有油品中最高的；也是阿育吠陀療法珍視的「黃金之油」。適量食用對改善皮膚、促進消化、醒腦、抗炎、提高免疫力、促進全身體液循環等都有助益。連乳糖不耐症者，也能享用。

以有機草飼奶油煉成的酥油，富含維他命A、D、E、K等抗氧化劑，和omega-3、共軛亞麻油酸（CLA）和丁酸（Butyric acid）等好脂肪酸，營養更上層樓。

食材

☐ 有機草飼無鹽奶油1英磅（即1盒4條，454克）

作法

1 將奶油放進不銹鋼醬汁鍋中，以中小火（medium low）溶化奶油，不加蓋。等奶油完全溶化後，會出現油奶分離，接著很多泡沫開始浮到上層，繼續讓油保持微滾狀態。約20分鐘後，會開始出現嗶嗶剝剝的油逼聲（來自水分蒸發），偶有大泡沫翻起，小心可能會噴濺。

2 約莫再過5-7分鐘，油逼聲漸息，泡沫變少變小，鍋底會開始出現沈澱的牛奶固形物。接下來的10分鐘得專心顧爐了，因為鍋底的沉澱物顏色會慢慢深化；等顏色轉為深金黃色（即焦糖色）時，就得離火，不然會焦掉。視奶油裡的含水量，整個酥化過程約需35-40分鐘。

3 將紗布套在乾淨的有蓋玻璃瓶上，用橡皮筋固定，將油緩緩倒入，濾除牛奶固形物（其實就是奶酥），可以拌進優格或飯裡。等油放涼固化，就能放進冰箱冷藏，可保存1年；室溫貯藏可保存3個月。

基本食材 & 常備菜

現代生活的快節奏，很容易讓吃飯淪為只求溫飽的形式。

想要快速上菜，兼顧美味和營養，又不想花太多時間在日常煮務上，最好的辦法就是事先計劃，化整為零地儲糧備食。這對全食物廚房，尤其重要。

事先浸泡、烹煮穀類乾豆；發酵催芽，豐富餐食；煉油製奶，吃得更安心；利用盛產食材，製存果醬青醬，或油漬醋漬根蔬；攢積肉骨，熬製高湯；得空就製作麵包、常備菜；睡前計劃，預備早餐。這些事先準備的食材廚活，可以有效縮減備餐時間，減少外食機會。

晚餐後，就寢前，通常是我計劃、開始許多例行廚事的時間，包括浸泡穀類、乾豆、催芽種子和製奶用的堅果，和麵做歐包讓它過夜發酵，及連夜文火熬製高湯等，都只是舉手之勞、簡單備料，在我安穩入睡後，交由時間魔法催化，早晨睜開眼已經（或幾乎）完成的廚活。需要挽袖入廚、揮刀動鏟的，則利用週間孩子上學，或週末有人陪伴孩子時進行。

這些常備食材和存糧，其實也是變化日常的多道菜色。接下來要介紹的，就是運用儲食櫃常備食材製成，既可為三餐增色添香，也能簡化日常煮務的食方。

Foolproof whole soy milk
懶人豆漿

為了不想擠豆渣擠到手抽筋，並確保想喝就有得喝，我冷凍庫裡經常有分裝保存的煮熟黃豆，想喝中式豆漿時，前一晚取至冷藏解凍，隔天早上加水現打現喝，比起傳統先加水磨豆再擠渣煮漿的作法，省事很多。不擠渣的全豆漿，營養更完整，喝來很有飽足感。偶爾也會應家人要求，將全豆漿放進擠奶袋濾渣，總之現打現喝，怎樣都香濃好喝。

家有嬰幼兒
For the babies

1歲以下嬰兒應以母乳或配方奶為主要營養來源，任何其他奶類營養組成都不均衡，建議滿周歲後再食用。

廚事筆記
Kitchen notes

我慣用大同電鍋煮乾豆，不需顧爐很方便。黃豆浸泡過夜（1杯約泡出2.5杯。若放進濾水容器，每3-4小時沖水一次，約半天到1天時間就會冒出芽頭，即為催芽黃豆），沖洗乾淨放進電鍋內鍋，加過濾水至淹過黃豆1吋處，外鍋加入1米杯水，煮完待開關跳起後就好了。放涼後瀝乾水分，分裝密封袋冷凍。我習慣1袋裝1杯量，打出來的全豆漿剛好夠全家喝一次。

食材（4人份）

- ☐　煮熟的有機（催過芽更好）黃豆1杯
- ☐　過濾水或喜歡的適溫開水3杯
- ☐　蜜棗（medjool date）3-4 顆（視大小而定），去核

作法

將所有食材一起放進強力打汁機（例如 Vitamix）中，以最高速攪打至口感綿密，吃不出纖維質為止。試味，依喜好調整甜度及濃稠度。

Nut and seed milk

堅果種籽奶

我和先生不喝牛奶，豆豆若喝多了（包括生乳）似乎也有反應。我因此沒讓他固定喝一種奶，而輪替著喝市售豆奶、自製中式豆漿和自製堅果種籽奶，久久才讓他喝一次生乳。自製習慣後，買市售奶品的機率也大為降低了。不耐乳糖或有皮膚、呼吸道過敏症者，堅果種籽奶是簡單易做的牛奶替代品。

食材（4 人份）

- 喜歡的生堅果（美國杏仁、榛果、腰果或夏威夷豆）1杯，浸泡過夜
- 過濾水 3-4 杯，視喜歡的濃稠度而定
- 去核蜜棗或喜歡的天然糖蜜，適量
- 香草莢1/2根（可免）

作法

1　浸泡過夜的生堅果瀝乾水分，沖洗乾淨。若用杏仁豆，得多一步剝去含有植酸的外皮（手一捏就脫膜了，若不行，表示杏仁豆有經過殺菌程序），再將堅果和過濾水放進強力打汁機中，打至口感綿蜜。

2　以紗布或擠奶袋濾除豆渣（可用低溫烤乾，烘焙時用來替代麵粉），飲用前加進糖蜜和香草籽（若有用）調味就行了。若用椰棗，則進打汁機再打過。冷藏可保存 3-5 天。

廚事筆記
Kitchen notes

自製種籽奶可以用混合堅果，像是杏仁、榛果，或種籽堅果混著打。若要做成奶昔，就別濾渣，例如做成「葵花籽奶昔」。

Sprouting
催芽

如果不是因豆豆的學校春季課程剛好進入植物主題，如果不是他從學校帶了蜘蛛蘭（spider plant）種苗回來，每天很有興致地按時澆水觀察，我那些被擱到洗衣房儲櫃裡的催芽罐，恐怕至今仍被遺落一角。

大概 7-8 年前，我在瑜珈課中認識了 Kathy，發現她比我更熱衷且專精養生，當時大腹便便的兩人，一拍即合。後來因我們的孩子只隔數月出生，我和她有一段時間走得很近。受過生機飲食（raw food）講師訓練、認證的 Kathy，除了熱衷收集古董家具飾物，客廳邊陲還蓋了個玻璃陽光屋，芽苗栽培架層層疊疊，用來種植她和家人每天要吃要喝的小麥草和各種芽菜。

一回，我和她聊起台灣吃買芽菜之方便、經濟，一邊抱怨著有機店隨便一小盒芽菜都要好幾美金，我綠汁裡加進的小麥草成本就更不用說了！她聽完，轉身指著玻璃屋裡綠意盎然、生氣勃勃的小麥草架說：「我這一大片夠妳榨一個月吧，還可以重覆收割好幾回，成本才幾塊錢而已」。那天回家時，我車上除了載著數月大的豆豆，後車箱裡還多了包 Kathy 分享的有機土、有機種子，還有她手繪的栽植芽苗圖解。

要不是家裡實在挪不出靠窗空間擺芽苗架，我大概也不會退而求其次地去尋了催芽罐來，嘸魚蝦嘛好地在廚房實驗了起來。結果發現催芽罐雖然規模比不上芽苗架，但無土無塵，速淨簡便又省空間，把幾個罐子倒栽在盆裡，擱在洗衣房裡的洗衣機和乾衣機上頭，完全不需另覓空間，更方便實用！

經過催芽的種籽豆子，酵素被完全釋放，既幫助人體消化吸收其本身的營養，連和它們一起吃的食物也被轉化，讓人體更有效率地吸收利用。

接下來那兩年，我幾乎不曾買芽菜。雖然食量比起 Kathy 家算小兒科，但想吃時就把催芽罐拿出來，早晚幫種籽沖個澡，幾天內就有芽菜吃了。還不能貪多哪，一兩匙種籽就發一大罐，同時發幾罐就得天天吃芽菜才能及時消畢。倒是這幾年豆豆漸大活動漸多，媽媽我跟著忙了起來，加上廚事興趣、觸角更廣了，催芽罐便呈準退休狀態。

如今蜘蛛蘭已從剛進家門的 1 吋高，長成 1 呎來長、枝葉開散如蜘蛛的小苗。豆豆不只重新溫習了小時候和媽媽一起澆水催芽的記憶，對種籽從初始的吸水啟動能量，到過程裡的每日抽長變化，也更能欣賞理解。的確，有什麼能比種籽的迸發、苗長和蛻變，更能讓孩子清楚見證生命的能量，還能把這能量轉移到身體裡呢？

食材

請選用有機種籽或乾豆來發芽，慣行農法採收的種籽乾豆通常經過殺菌才保存，催不出芽來。美國天然食品合作社（food co-op）或有機食品店應該都設有發芽器具及食材專區，跑一趟就買齊了。

催芽所需器物

玻璃罐（我用的是從健康食品合作社買來，專門設計發芽用的催芽罐，罐蓋上已鑲嵌了細鋼網，很方便。美洲地區朋友可以向居住地健康食品店洽詢）、紗布或可彎折的細鋼網（五金行應該有賣）、橡皮筋。

作法

1 將2大匙種籽或1/2杯乾豆放進1公升容量的催芽罐，加進3倍水（其實只要覆蓋就行），浸泡過夜，小種籽浸5小時就夠了，但我習慣睡前泡，過夜乾脆又省麻煩。

2 隔天一早將罐中水瀝乾，以過濾水沖洗，再瀝乾，瓶口套上棉布或細鋼網，用橡皮筋或棉繩固定，讓罐子傾斜倒栽在鋼盆裡，確定剩餘的水可以流出。種籽或豆子要儘量均勻分佈在罐身，不是全擠在罐口，或浸泡在積水裡。將催芽罐放在溫度約21度C的黑暗處催芽。

3 重覆以上步驟，不用取下綿布或鋼網，早晚各沖水一次。若天氣很熱或很乾，就多沖1次；像台灣那麼潮溼的氣候，最好把催芽罐放在乾燥處。瀝水時請緩慢翻轉罐子，才不致折斷芽苗，導致發霉。

4 視所用種籽或乾豆，芽苗（豆）3-5天內可收成。最後一次瀝水後，將芽罐放到非直射（例如隔窗射入）的陽光處1-2個小時，進行綠化，採集葉綠素。然後取一夠大碗盆，注滿過濾水，小心倒進芽苗（豆），讓保護籽、豆至此鞠躬盡瘁的外殼上浮，就能輕易撈除（也可以在每日沖水時掀蓋撈除已經上浮的殼）。將芽菜瀝乾，以紙巾吸附，放進密封盒中冷藏，可保存1星期，但趁鮮儘快吃完最好。子芽苗生食為佳，豆芽苗（尤其是腰豆）稍煮或蒸過較好。

Korean kimchi
韓式泡菜

因為我先生嗜食韓式泡菜，冰箱裡常常有市售泡菜。直到兩年前上了一堂發酵課，在課堂中依老師食譜實做了美式泡菜（因為既不像德國酸白菜，也不像韓式泡菜）帶回家後，愛吃泡菜的先生卻不捧場，嫌它太酸、風味平淡，且不夠辛辣，這才激起我自製泡菜的念頭。如今在本地大白菜盛產的冬天製作泡菜，已成例行廚事。因為可以慎選食材，不只風味不輸市售品，還吃得更安心。

家有嬰幼兒
For the babies

豆豆直到6歲，我自製了為他調降辣度的泡菜後，才敢吃泡菜。一開始給他吃的泡菜，用的是切丁塊的紅白蘿蔔蕪菁甜菜等根蔬，雖然調味辛香醬和一般泡菜用的是同一款，但根蔬不像葉菜會吸滿醬料，很適合拿來讓孩子學習吃辣。如果你從現在就開始為家中幼兒小量製作泡菜，從不辣到小辣，漸進式調整辣度，說不定他3歲就敢吃一般泡菜了，還能因此省掉不少買益生菌的錢！

食材（做3公升容量）
- ☐ 大白菜1顆（1600克）
- ☐ 美式細長紅蘿蔔4根，或台式1根
- ☐ 中型橢圓白蘿蔔1/2顆，切細長條
- ☐ 蔥1把（6-8根），切段
- ☐ 海鹽2大匙 + 1/2小匙，或適量

調味料
- ☐ 中型洋蔥1顆，粗切
- ☐ 有機gala蘋果2顆，去核連皮粗切
- ☐ 蒜頭5-6顆，去皮
- ☐ 薑2吋長，去皮粗切
- ☐ 泰式小紅辣椒4-5顆（大人口味）或2顆（豆豆可接受的辣度）
- ☐ 韓式辣椒粉1/4杯
- ☐ 初榨椰糖2大匙（視蘋果甜度調整）

作法

1 去掉大白菜最外層後，保留蒂頭，自根部中間切進深約4公分的十字，雙手一掰，就均分成4等份（4舟）。將白菜浸入水槽裡，泡洗後瀝乾水分。

2 去除4舟高麗菜蒂頭，粗切成塊，把水再甩乾一點（用沙拉轉盤很方便），放進能找到的最大盆內，加進海鹽，用雙手揉搓讓白菜稍微軟化，再拌進紅、白蘿蔔和蔥段，靜置室溫2-4小時出水，中間翻攪幾次，並試鹹淡，太鹹就加點過濾水，太淡就加鹽。別擔心大白菜太多，等出水後體積會少很多！

3 等大白菜出水的同時，將調味醬所有辛香料放進食物調理機中打成泥狀，靜置室溫入味。這醬嚐起來嗆辣，但應有明顯果香和甜味，辣度建議要比喜歡的程度再辣一些，等拌進混合蔬菜後辣度會被稀釋，洋蔥的嗆辣也會反甜。隨著發酵時間增長，調味（包括辣味）會趨於圓融協和。

4 取幾個清洗乾淨的有蓋玻璃罐（我用2公升和1公升容量各一），用滾水連蓋燙過後，瀝乾備用。

5 以手分批擰乾出水的混合蔬菜（不需太乾），放進另一鋼盆內。保留鹽滷水。將調味醬泥倒進蔬菜裡，用筷子拌勻（否則手會很辣），分批裝進玻璃罐內，邊裝填邊用拳頭向底部擠壓，擠出空氣，直裝填到瓶頸為止，確定所有蔬菜都淹在醬汁裡。若醬汁不夠，就加點先前保留的鹽滷水。

6 用紙巾將瓶口擦拭乾淨後，輕蓋上瓶蓋，但不旋緊，放置室內陰涼處發酵，記得加註製造日期。

7 發酵期間每日查看1-2回，以匙或木湯匙壓擠最上層蔬菜，擠出空氣，否則發酵產生的壓力會讓汁液湧出罐子（可在罐子下面預墊盤子），並趁機試吃，比較每日味道的變化。以20度C的廚房來說，約7-9天會達到我喜歡的熟成酸度，到時就可將蓋子旋緊，整罐放置冷藏。冷藏會讓發酵速度大大減緩，可放數月經年，但放愈久會愈酸、味道也愈有層次。這份量在我家1個月就吃完了！

Roasted tomato in olive oil
油漬烤番茄

番茄在居住地是盛夏蔬果,但只要在地春蔬現跡,即使種類相當有限,我已忍不住翹首盼望色澤飽滿鮮豔的夏蔬。這時南國北上的小番茄可能輕易擄獲我心。烤上兩盒小番茄,不論加進生菜沙拉、夾進三明治、舖在早餐吐司上,或拌進烘蛋、義大利麵和拌飯裡,那烤過濃縮的甜漿,頗能引發夏日聯想,抒解飢渴之心。到了盛夏,油漬番茄和鮮番茄一樣,早是常備菜了。

食材

- 小番茄1盒(10盎司/300克),對切(用鋸齒狀的牛排刀才好切)
- 特級初榨橄欖油(EVOO)2小匙
- 海鹽 1/4小匙
- 現磨胡椒適量
- 迷迭香1枝(可免)

作法

1 烤箱預熱到175度C(350度F);取一預拌碗,將所有食材輕拌混勻。番茄切面朝上,單層舖排到烤盤上,不加蓋,烤到番茄水分大致收乾,看起來有點乾皺的程度,約50分鐘至1小時(視番茄大小)。

2 取出放涼後,將烤番茄裝進適度大小的玻璃罐裡,倒進特級初榨橄欖油淹至番茄頂部即可。也可隨興放進1-2枝喜歡的香草(拭乾),加味添香。油漬烤番茄放置冰箱可保存3-4週。

家有嬰幼兒
For the babies

只要確定不對番茄過敏,開始會用手指抓取的8-10個月大貝比,可生食1-2瓣切適口的未調味番茄,或取一些只淋油的番茄放在烤盤邊緣,烤好後去皮給貝比吃。還不會運用手指的嬰兒,可搗成泥用湯匙讓他自己(是的,會吃得到處都是!)或幫他餵食。番茄的酸性可能讓有些貝比的肌膚(嘴巴周圍或屁股)出現發紅反應,若狀況嚴重或持續,可等貝比再大些才吃。

廚事筆記
Kitchen notes

同樣方法也可用來對付各色小甜椒(mini sweet pepper)。烤完放涼後,拉開蒂頭,刀片一劃,很容易去籽。至於外皮,我和家人都不介意,不喜歡的大可多花力氣去除。

Beet, carrot, and apple salad
甜菜根紅蘿蔔蘋果沙拉

家有嬰幼兒
For the babies

可將紅蘿蔔或甜菜根切成粗長條，煮軟，給6個月以上嬰兒練習抓食，或者加點奶水打成泥，讓他自己（會很messy！）或幫他用湯匙餵食。請注意甜菜根很清腸胃，貝比最多一次吃1茶匙為限。洗淨的有機蘋果連皮（比較不會滑）切成舟狀，稍微蒸軟，也是讓貝比練習抓握、咬磨的好選擇。

廚事筆記
Kitchen notes

沙拉裡的三個主食材都很甜，因此醬汁完全不加糖而顯酸，請別急著加糖，讓蔬果有機會浸漬在醬汁裡吞吐交融，攪拌一起後就會酸甜調和，帶著柑橘的清香。這時再依喜好調整味道。

甜菜根營養價值極高，富含鈣、鎂、鉀、磷、葉酸等礦物質和維他命C，也是天然補血劑和腸道肝膽排毒劑，但它的土澀味讓很多人裹足不前。其實只要透過烘烤或以柑橘汁淋漬，就能輕易消除土澀味。我忘不了第一次端出這道菜時，正值放學肚餓的豆豆一口氣吃掉一大盤的畫面，因而日後常出現在他的午餐盒裡。從賓客的反應也證實，這是道老少咸宜、老中老外都豎拇指的沙拉。

食材（4-6人份）

☐ 小型甜菜根2顆，去皮
☐ 美式細長紅蘿蔔4根 或台式1根
☐ 金棗6顆（可以有機橙皮或黃檸檬皮替代但建議至少試一次金棗），片薄
☐ 小型甜蘋果（Gala或富士，非有機請去皮）1顆
☐ 巴西里或香菜1小把
☐ 切碎烤過杏仁片1/4杯

醬汁

☐ 特級初榨橄欖油（EVOO）1/4杯
☐ 現擠檸檬汁1/4杯
☐ 蒜末1瓣
☐ 海鹽1/4小匙
☐ 現磨胡椒適量

※ 若沒用金棗，可在醬汁中加進有機橙皮或黃檸檬皮屑1顆量

作法

1 取一有蓋玻璃罐，加進所有醬汁食材，加蓋後搖晃至醬汁乳化。

2 用食物調理機的刨絲功能，陸續將去皮甜菜根、紅蘿蔔和蘋果刨成絲（20秒搞定！）。若沒有調理機，多花一點時間力氣，用手刨也行。

3 取一大碗，加進刨絲蔬果、片薄金棗和香草碎，淋上醬汁，拌勻，靜置至少半小時入味。食用前撒上烤香的杏仁片。

Hijiki Salad

冷熱皆宜的
羊栖菜沙拉

家有嬰幼兒
For the babies

備好食材下鍋前，可先取出一點洋蔥絲和蘿蔔絲，用一丁點油、水煮軟，磨成泥給6個月以上嬰兒吃，或直接切小丁讓較大貝比練習抓食。海菜因含碘量高，有人認為不適合給嬰兒吃。但我的日本友人說，海帶高湯是日本貝比副食品基底，沒聽說吃出問題的。我覺得只要不吃過量，讓10個月以上已吃了幾個月副食，箱指使用熟練（因羊栖菜體積小）的嬰兒吃一點，又有何不可？

食材事典
About The Ingredients

羊栖菜是海菜中味道比較腥重，礦物質含量相對極高的一種。它的鈣含量居海菜之冠，是等量牛奶的14倍；而鐵質之豐，看那深黝的顏色不難想像。一般分長、短芽兩種，長芽較貴且不易取得，浸泡後需剪過再使用；我習慣用短芽，北美洲一般亞洲超市、台灣大型超市或日系超市都買得到。若不易取得，可用乾海帶絲取代。

我家吃不少海菜，每一種都愛，唯獨整治羊栖菜（又稱鹿尾菜）讓我經歷「搏感情」的磨合期。一開始做生食涼拌菜，腥得不得了；後來聽從日籍友人建議，煮日式炊飯，還是腥。直到嚐了好友 Tomoko 所做、混炒多種根蔬的羊栖菜沙拉，我才開了竅地真心喜歡它。除了紅蘿蔔是羊栖菜的好朋友，非它不可，其他如蓮藕、木耳、金針、香菇、金針菇，也合搭；喜歡肉味的，加點肉絲也行；改添毛豆，則成視覺愉悅的蔬食主菜。

食材

- 乾羊栖菜1/2杯，泡水後約2杯量
- 中型洋蔥1顆，切細長條
- 細長紅蘿蔔2根（或台式中型1根），刨絲
- 牛蒡50公分長，以刀背刮皮，斜切薄片後切絲
- 青蔥1根，斜切小段
- 特級初榨橄欖油1大匙
- 醬油2大匙
- 純味醂1大匙
- 麻油1/2大匙
- 海鹽1/2小匙
- 檸檬汁（或醋、薑末）少許（可去腥提味）
- 烤過芝麻1-2大匙

作法

1　以中大火預熱炒菜鍋。入1大匙油，炒洋蔥絲，至半軟後加入牛蒡和紅蘿蔔絲，若太乾可再加點油或水，以醬油、味醂、海鹽及麻油調味。

2　起鍋前擠進一點檸檬汁（或醋），拌進蔥段，撒上芝麻即可。當日沒吃完的，密封冷藏可保存3天，冷吃熱食皆適宜。

偽健康食品

要培養孩子的擇食能力，我們必須先學會把健康的食物
擺在餐桌上，放進孩子的午餐盒裡。

就跟一般兒童餐內容空洞、乏善可陳一樣，市面上有不少宣稱健康，但其實是掛羊頭賣狗肉，或了不起是半吊子的「健康食品」；其中不乏孩子愛吃，家長也認為對孩子好而經常供應的「健康零食」。如果看仔細了，你會發現這些產品雖不至於營養掛零，但為了吃進那一點好處，得概括承受吃進更多不健康的成分，通常是過量的糖、鹽或人工添加物；或者食材必須經歷被極度虐待的加工製程，營養價值所剩無幾，得靠人體很難吸收利用的化學合成養分來填補本來接近空白的營養標示欄。如此花了錢不見得買到健康，不如不吃。

01 調味優格／優酪乳

很多產品號稱「原味」，卻含有多種人工添加劑，少有宣稱的新鮮水果，且糖量（當然不會是好糖）驚人。真要吃到可以獲取足量益菌數的廠商建議量，糖量已超過成人每日最高攝取量，對孩子衝擊更大！

例如美國一般超市常見1小瓶6盎司（177毫升）的嬰兒優格，含糖量20克，也就是每100毫升的含糖量達11.3克，相當於1罐12盎司可樂含糖量40克的甜度！稍微健康一點的有機品牌，每小瓶6盎司也還有13克糖（每100毫升含量7.34克）。台灣品牌含糖量通常比美國品牌稍低一點，但仍偏高。以台灣孩子常喝的發酵乳「xx多」為例，1小罐100毫升的含糖量達10公克，且成分多達25種！

替代方案：

（1）自製優格或優酪乳（成分只有3個--生乳、菌種和可自己控制品質和份量的天然糖蜜）。

（2）選擇零添加（包括糖）的市售原味優格，回家自己調味。

（3）多攝取高纖維的蔬果、全穀，如牛蒡、木耳、香菇、海菜類、香蕉等，可營造腸內益菌的生長環境、減少壞菌。多吃天然發酵食品如泡菜、菌菇茶（見280頁），也是取得益菌的良方。

02 早餐穀片

這是現代工業化食品的極致表現，不管是不是標謗全穀，統統不值得拿來餵養家人，尤其是孩子。根據梅娜尼華納所著的「最佳賞味期的代價」一書指出，製造現代早餐穀片的射出成形「塑化法」，「是最嚴酷也最具營養毀滅性的穀物處理方式」。想像一下，原形穀物在形同分子熔爐的高溫噴射成形機中，經歷澱粉分子膨脹、爆裂，再與其他成分快速溶融；各種成分從一端輸入，不到20分鐘（有的只花60秒）就以鬆脆、膨化的各種造型，源源不絕地從另一端的壓模跑出來。別說維生素了，連纖維和植化素（如抗氧化劑）也難以存活；穀物香氣和顏色更蕩然無存。因此，包裝盒上的營養標示，統統是事後添加的化學合成品，香氣、顏色也是人工添加。

替代方案：

自製全形穀物粥（132頁紅豆黑米粥、138頁免煮燕麥粥）或堅果燕麥酥（前著《原味食悟》50頁）。

column

03 零脂肪製品

例如脫脂牛奶、優格、沙拉醬等。有脂肪被抽掉，就必須有什麼被加回去，才能彌補漏失的滋味和口感。何況零脂肪不代表它不會讓人肥，只是讓你肥的可能不是脂肪，而是多餘的糖、鹽、修飾澱粉和其他人工添加物。

替代方案：

選擇有機全脂，來自放牧草飼牛隻的牛乳製品為佳；沙拉醬自製再簡單不過，只要有1罐品質純良的特級初榨橄欖油，1瓶天然發酵醋或者新鮮檸檬，簡單的油醋不過是舉手之勞。

04 零糖製品

通常是以更多鹽、油和修飾澱粉來取代被抽離的糖，或者直接以人工代糖取代。人工代糖也許讓你少吞下許多卡路里，但可能給你其他問題，沒有比較健康。

替代方案：

儘量避吃或少吃含糖市售品，不論用哪一種糖，糖量都不會低。

05 市售燕麥酥／能量棒

大多數是高糖、高鹽、高脂等三高產品。

替代方案：

可選擇食材、控制調味的自製品。免烘焙的生機能量棒（例如290頁超級種籽蛋白棒），更簡單易做。

06 加工起司

單片、條狀乳酪和已磨成粉、粒的包裝披薩起司，都是經拆解再重組的過度加工品，通常鈉含量過高（但讓你吃不出鹹），含多種調味、防腐的人工添加劑，酵素益菌在加工過程已被完全破壞，最後成品是去除了很多協同因子後的濃縮牛奶蛋白，很不利人體消化吸收，是加工食品中的「不朽」經典，連對細菌都沒吸引力，有的甚至可在冰箱保存經年不壞！

替代方案：

只買天然發酵的整塊起司，回家自己磨、切。

07 果乾

許多果乾，例如香蕉、芒果、鳳梨、葡萄乾等，都額外加了糖和油來提升口味和口感；蔓越莓因天生酸澀，蔓越莓乾所含糖量尤其驚人，1 ／ 3 杯就有 25 克糖。這就是為何 1 份蔓越莓乾有 123 大卡，但一份新鮮蔓越莓只有 15 大卡的原因。有些果乾則加了防腐劑，例如鮮紅亮麗的蔓越莓乾和金黃色澤的杏桃乾。

替代方案：

閱讀成分標示，選擇只有單一食材，經天然風乾、曬乾，不加防腐劑（sulfate-free）的產品，通常顏色會比較暗沉。

08 全穀全麥麵包

除非成分清單中標示含 100% 全穀，否則全穀比例通常很低；且必選有機認證品牌，雖無法完全避免改良添加物，但可避免絕大部分用於一般麵包，動輒數十種的人工添加劑。

替代方案：

全形有機穀物製品，有經過催芽者（sprouted）尤佳，通常會放在有機店的冷凍庫裡賣。自製更好。

自製半全麥歐包。

Part 03

給孩子、家人的全食物食譜

Nourishing & tasty recipes

依全食物概念，我設計了數十道
適合全家共享的美味健康食譜，
讓嬰幼兒們自然而漸進地過渡到成人飲食。

Breakfast & spreads

3-1 早餐 & 抹醬

早餐啟動身體能量，是決定一天動能的指標；可以簡單方便，但不能輕忽隨便。事先計劃，是讓全家在匆忙的早晨，身心仍得滋養的關鍵。

Black rice and adzuki bean congee

椰汁黑米紅豆粥

家有嬰幼兒
For the babies

可取出少許飯和豆,用奶水稀釋打成泥,給8個月以上貝比食用;10個月以上嬰兒直接餵食煮爛的飯豆。紅豆是乾豆家族裡最容易消化的豆種之一,但嬰幼兒腸胃仍發育中,請確定烹煮米豆前先浸泡,才給寶寶食用。

廚事筆記
Kitchen notes

若沒有事先煮好的飯、豆,前一晚可合泡黑米和紅豆(各1/2杯,共1杯,缺點是黑米泡太久米粒會爆裂),隔天一早倒除浸泡水,沖洗後瀝乾,加進1.5杯過濾水進大同電鍋煮熟,煮出的份量可做兩倍食譜量的粥。也可前一晚煮好粥,隔天一早再加熱。但隔夜粥會變濃稠,必須加點水才煮得開,調味也需微調。

這道粥品其實是利用冰箱常備食材的快速組合,很適合冬日早晨。煮粥時空氣裡彌漫的肉桂和甜薑味,足以喚醒仍沉睡中的身體和味蕾。我不嗜甜,這粥甜度極低,得靠葡萄乾來出力;喜歡再甜一點的,可切點香蕉一起食用。

食材(2-3人份)

☐ 煮熟黑米飯(forbidden black rice)1杯
☐ 煮熟紅豆1杯
☐ 椰漿1/2杯
☐ 過濾水1杯
☐ 葡萄乾2大匙
☐ 初榨椰糖1大匙(嗜甜者可酌加)
☐ 小麥胚芽2大匙
☐ 薑粉1小匙(或生薑末1/2大匙)
☐ 肉桂粉1/2小匙

 食用前撒上

椰仁1/2 杯(可省)
烤過黑芝麻粒(不要省,風味更上層樓!)

作法

1 椰仁單層舖在烤盤上,進烤箱175度C(350度F)烤個幾分鐘,至部分金黃即可。這一步要專心看著,很容易烤焦。

2 將椰仁和黑芝麻以外的所有食材放進醬汁鍋裡,煮至喜歡的濃稠度(太稠加點水,太稀加點飯、紅豆或其他乾食材),食用前撒上椰仁和黑芝麻即可。

Herb and Nori Eggroll

香草海苔蛋捲

家有嬰幼兒
For the babies

加點水蒸熟的蛋液，或添點好油、奶水煎成的西式炒嫩蛋（scrambled eggs），營養價值高、口感軟嫩且滋味鮮美，很適合當貝比的首嚐副食之一，但因蛋是常見過敏源，要注意觀察寶寶食用後的反應。若無過敏反應，可將漢麻籽打碎再加進蛋液蒸熟或煎熟，給8個月以上嬰兒食用。

香草蛋捲靈感來自極家常的日式海苔蛋捲，光是蛋和海苔就是滋味鮮美的組合。就因沒人拒絕得了它，成為可輕易提高營養價值、為家人（尤其是孩子）開拓新口味的絕佳載具。種籽和香草，正是極具營養又不致影響蛋捲形狀和口味的變化之一。這個當初為了不浪費本地市集買來的胡蘿蔔嫩葉而開發出的早餐，沒想到為日後的周末早午餐、平日午餐盒，和放學後點心，添加了個好選擇。

食材（做2捲）

- ☐ 有機蛋4顆
- ☐ 漢麻籽（hemp seeds，或用芝麻、磨碎亞麻籽）2大匙
- ☐ 新鮮巴西里
  （或其他喜歡的香草、菠菜、胡蘿蔔葉或蔥花）1小把，切碎
- ☐ 特級初榨橄欖油2小匙
- ☐ 壽司海苔1張
- ☐ 海鹽、現磨胡椒適量
- ☐ 黑芝麻油少許（塗抹鍋面用）

作法

1. 蛋液中加入2小匙油打勻，加入巴西里碎和漢麻籽，以海鹽、現磨胡椒調味。

2. 以中火預熱10吋平底不沾鍋。以廚房紙巾沾一點黑芝麻油均勻塗抹於鍋底。倒入一半香草蛋液，確認蛋液均勻分佈鍋底，轉中小火慢烘至蛋液凝結，約4、5分鐘。

3. 等蛋液凝固後，將壽司海苔對摺撕開，置於已凝固蛋皮的中間。接著沿海苔長邊（即上下）兩面捲起，再從短邊（即左右）一頭捲至另一頭，即成蛋捲。

4. 趁熱將蛋捲切成4等分（確定刀子夠利、動作夠快，否則等遇熱海苔太溼潤就不易切斷）。盛盤，撒上漢麻籽和一點香草末裝飾即可。

Flour-free banana pancake

無麵粉香蕉煎餅

家有嬰幼兒
For the babies

這個煎餅很適合嬰幼兒食用。因為夠軟潤，只要切長條或小塊，能開閉虎口或以箝指抓取的嬰兒，都可以自己餵食。若才剛開始吃副食，可取少許已拌好的蛋糊放進打汁機中打碎，或混拌蛋糊前取出一點蛋和香蕉泥，再加進乳汁稀釋，蒸熟成糊給寶寶吃。

這個「雙食材健康煎餅」食譜，網路已流傳多年，香蕉和蛋是基本食材，其他可隨興添加。不只健康美食者、原始人飲食（paleo diet，不吃穀類）奉行者大力推薦，連親子網站也不時吹捧它。原因無它，香蕉加蛋的組合，幾乎保證孩子（包括我家的）一定喜歡吃。

食材（3人份，約12-14個）

- ☐ 熟成香蕉2根
- ☐ 有機蛋4顆（中型）
- ☐ 無糖椰蓉（unsweetened shredded coconut）1/2 杯（用堅果粉或種籽粉也行）
- ☐ 漢麻籽（hemp seeds）1/4 杯＋少許撒在煎餅上同食（若不易取得可免）
- ☐ 藍莓（新鮮或冷凍）1/2 杯＋少許撒在煎餅上同食
- ☐ 肉桂粉1/4 小匙
- ☐ 冷壓初榨椰油1-2小匙（用來煎餅）

作法

1 取一預拌碗，先打勻蛋液。

2 另取一碗，放進手捏小塊的香蕉，用叉子搗成香蕉泥。續入椰蓉、漢麻籽（若有用）、藍莓和肉桂粉，倒進蛋液，攪勻成蛋糊。

3 以中大火預熱10吋平底不沾鍋，加進少許椰油。用一大湯勺，一次取約3大匙麵糊入鍋，一鍋可煎4個。煎到底部金黃，轉中火。因蛋糊很軟潤，請用兩隻鍋鏟，一隻翻餅、另一隻接住，小心翻面，才不會破相。等另一面也煎至金黃，起鍋。如此重覆，把蛋糊煎完。

4 食用前，加點藍莓、撒些漢麻籽（或椰蓉），淋上少許（美式吃法太誇張，這煎餅已經是甜的）蜂蜜或楓糖漿。

No-cook oatmeal cup

免煮燕麥杯

家有嬰幼兒
For the babies

可另外裝一點燕麥片加奶水泡過夜，隔天一早用果汁機打勻、加熱後，給6-8個月嬰兒吃；10個月以上寶寶吃的，煮熟就行，不需再打過。奇亞籽纖維質很高，有人認為可能影響貝比吸收其他營養。我覺得就算無此問題且寶寶腸胃能應付，大概也是一頭進一頭出，不如哺乳媽媽自己吃，透過母奶給孩子奇亞籽的營養。1歲以上學步兒已開始吃成人飲食，只要量不多，吃一點泡軟的奇亞籽又何妨？

廚事筆記
Kitchen notes

（1）基本燕麥粥甜味極幽微，得靠後加的水果來增甜。

（2）不習慣一早吃冰涼的，可像我倒一盆熱開水，把自冰箱取出的燕麥杯直接放進熱水中回溫個10來分鐘，吃室溫粥，等的同時洗切水果。

（3）泡好的粥若沒及時吃完，可打顆蛋加進麵粉和泡打粉，做美式煎餅。

自從開始早起為豆豆準備午餐盒後，可事先準備、不花力氣的懶人早餐，很受煮婦青睞。延續全穀、免烹調、全方位營養的概念，這個適合夏日早晨的免煮燕麥粥，和《原味食悟》裡的千層果香優格是表親，只是把當底的原味優格換成用奶浸泡過夜的燕麥片，其他就是隨喜好添加。裝對了容器，還能直接帶著走，趕上班、趕上學的人從此沒有不吃營養早餐的藉口了！

食材＆器具

- ☐ 1杯容量的有蓋玻璃罐
- ☐ 燕麥片（regular rolled oat）1/4杯
- ☐ 奇亞籽1大匙
- ☐ 楓糖漿或生蜂蜜1/2小匙
- ☐ 純天然香草精1/2小匙（小朋友吃可免，酒精味太重！）
- ☐ 肉桂粉1/8小匙，或少許
- ☐ 填滿玻璃罐的牛奶、椰奶或自製堅果奶（約3/4杯）

作法

將上述食材放進玻璃罐中，混拌均勻後加蓋，睡前放進冰箱浸泡過夜。隔天一早食用前，隨興組合以下的建議食材後加入，疊上綜合水果即可。再加一顆蛋，就是全方位營養早餐了。

 建議食材

燕麥酥（granola）

磨碎的亞麻籽

漢麻籽（hempseeds）

營養酵母（nutritional yeast）

蜜蜂花粉（bee pollen）

生可可粉（raw cacao powder）

椰絲（蓉）

甜菜根粉

螺旋藻粉

前排：（左）蜜蜂花粉 + 碎可可粒（cacao nibs）+ 奇異果 ；（右）椰蓉 + 覆盆子。
後排：（左）甜菜根粉 + 基本燕麥粥 ；（右）營養酵母 + 藍莓。

燕麥杯食材加蛋做成美式煎餅。

Polenta

晨光玉米粥

玉米粥是義大利北方常見主食，可搭配起司、番茄醬料，現煮現吃；也可放涼結塊，再切片煎、烤或炸。正統玉米粥非常濃稠（米水比例1：4），用湯匙舀起傾斜不致滑落，我喜歡再稀一點的稠度，因此會先取出要結塊當玉米糕的稠粥（才不會太溼，煎時易破裂），再少量加水至鍋中續煮至喜歡的滑潤口感。

家有嬰幼兒
For the babies

若非過敏體質，不調味的玉米粥以奶水稀釋後，很適合當貝比的初始副食。結塊後（煎或不煎都可）的玉米糕切小丁，則適合稍大貝比練習手指抓握，自己餵食。唯一要注意的是，玉米基改品種普遍，最好選擇有機產品。

廚事筆記
Kitchen notes

若做成涼玉米糕，就切成喜歡的形狀箱烤或油煎後，加點熱融帕瑪森起司，或像吃中式蘿蔔糕那樣，撒點蔥花香菜醬油，也很對味；上頭鋪疊喜歡的肉蔬海鮮醬料，又是另種吃法。

食材（**4-6人份**）

- 玉米碎（coarse cornmeal 或polenta powder）1杯
- 過濾水 4-5杯（視喜歡濃稠度而定）
- 海鹽 1/2 小匙
- 印度傳統酥油（ghee，見102頁）、奶油或初榨橄欖油 2小匙
- 家製或市售燕麥酥適量
- 喜歡的奶適量
- 初榨椰油少許

作法

1 取一夠深的鍋子（才好攪拌），加進4杯水，煮滾。倒入玉米碎，以打蛋器攪和。待玉米開始變稠噴濺，就調降火力，讓它維持在不噴濺狀態。偶爾攪拌，確保玉米不黏鍋。

2 約20分鐘後，玉米會煮透成粥，但米心還有一點硬度（al dente），以海鹽和印度酥油（或奶油、初榨橄欖油）調味。喜歡再稀再滑潤（吃不出米心口感）一點的，可一次加一點水稀釋，直到煮至喜歡的口感和濃稠度，再約10-15分鐘（視所用玉米碎粗細），即可離火。

3 剛煮好的玉米粥，香滑腴潤，鹹甜皆宜。倒進一點奶，搭配家裡隨時有的自製燕麥酥和果乾，舀進一瓢初榨椰油，就是飽足又暖身的冬日早餐；炒點鮮蔬佐搭，則成了晚餐主食。

4 吃剩的玉米粥，可趁溫熱放進容器裡，壓實鋪平，等涼了凝結就是玉米糕。記得放冰箱前直接在米糕上壓蓋一層保鮮膜阻絕空氣，才不會出現一層乾皮。冷藏可保存5-7天。

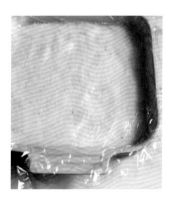

Sweet potato with yogurt and nuts

優格堅果地瓜

家有嬰幼兒
For the babies

地瓜是完美的嬰兒副食，營養價值很高，且口感鬆軟滑嫩，不管寶寶在哪個副食階段都適合食用。蒸烤後挖出裡肉以奶水稀釋成泥，很適合當嬰兒首嚐副食之一。

廚事筆記
Kitchen notes

台灣或日本種地瓜的水分通常較少，若不夠溼潤，可加一點初榨椰油。

又一個全食物廚房的完美懶人早餐！可利用前一晚烤熟地瓜，隔天一早剖開蒸熱或烤熱（有時間的話）；或像我有時候利用睡前把包覆了錫箔紙的地瓜放進可設定烘烤時間的小烤箱（oven toaster）裡，夜半起來如廁時（既然這麼安排就一定會神奇地醒來）啟動烤箱，早晨醒來時烤好地瓜還有餘溫，正好。我也常把優格地瓜拿來當豆豆下課後、剛好在晚餐時間的足球課前點心。

食材（3人份）

☐ 小型地瓜3條
☐ 有機全脂原味優格適量
☐ 超級食物撒粉（見92頁）適量
☐ 核桃（或喜歡的堅果）適量

作法

1 地瓜帶皮刷洗乾淨，拭乾。一顆顆用錫箔紙分別包覆，進190度C（375度F）烤箱烤約40-50分鐘，較大的要1小時。取出稍放涼。

2 食用前將地瓜自中間剖開，舀進原味優格，撒上超級食物撒粉和堅果即可。再搭配一顆水煮蛋、一杯茶（或奶）和一點水果，就是全方位的營養早餐了！

Avocado toast

酪梨吐司

家有嬰幼兒
For the babies

酪梨是豆豆開始吃副食的首嚐食物之一，不管從營養價值、口感和味道來看，它都是完美的嬰兒副食。酪梨富含單一不飽和脂肪酸、維他命E、C、K、葉酸和鉀，軟潤而且味道中性，不需稀釋，拿根湯匙輕刮表面，就可以直接送進貝比嘴裡；也可以切成小丁，讓已會手指抓握的稍大嬰兒自己餵食。唯一要注意的是，酪梨很容易讓小肚子飽脹，偏偏貝比又很喜歡吃而停不下來，大人得幫忙控制食量，才不會影響喝奶的胃口。

酪梨是我廚房裡一年到頭不缺的常備食材。開始為豆豆做午餐盒後，用的更多，主要搗成泥當三明治抹醬，或切丁加進沙拉裡。我在前著《原味食悟》裡介紹過酪梨奇亞籽三明治，其實只要酪梨碰上麵包，組合可以千變萬化。這個酪梨吐司老少咸宜，甜鹹不拘，可當早餐、放進午餐盒裡，也可以是下課後點心；切成適口大小帶到孩子學校慶生會、playdate或一戶一菜potlock派對，都很適合。

食材（3-4人份）

☐ 全麥吐司或自製歐包6片，對切成12片
☐ 熟成美國酪梨2顆或等量台灣酪梨，去核
☐ 小型綠萊姆1/2顆
☐ 海鹽適量

作法

1 將吐司或歐包放進烤箱烤至金黃。

2 挖出酪梨肉，放進大碗，用叉子搗成仍有口感的粗泥狀，擠進喜歡的萊姆汁量，以海鹽調味。

3 每片吐司塗上一層酪梨醬，再疊上喜歡的食材即可。

◇ **如圖8種組合建議**

‧酪梨＋油漬烤蕃茄（見118頁）/生番茄＋羅勒葉

‧酪梨＋水煮蛋＋煙燻匈牙利辣椒粉（smoked paprika）

‧酪梨＋優格起司（見152頁）＋切碎橄欖

‧酪梨＋優格起司＋中東香料Za'atar（見209頁）

‧酪梨＋烤脆培根＋菲它起司

‧酪梨＋奇亞籽＋螺旋藻粒（spirulina）
　或營養酵母、小麥胚芽等

‧酪梨＋芽菜＋草莓

‧酪梨＋葡萄＋超級食物撒粉（見92頁）

◇ **其他可用食材**

玉米粒、小黃瓜、生菜、莎莎醬、果醬、無防腐劑火腿片、煙燻鮭魚片、切碎堅果等。

Easy-peasy berry jams

懶人果醬兩款

家有嬰幼兒
For the babies

1歲以下嬰兒不宜生食蜂蜜，加上奇亞籽纖維質極高，可能影響嬰兒吸收其他養分，建議直接餵食適齡大小的草莓泥（塊）。例如6、7個月大嬰兒可直接給切半或整顆有機草莓來練習抓食、咬磨，也可磨成泥讓他自己用湯匙餵食（會吃得霧煞煞！）；餵食8個月以上會以手指抓物的寶寶，可將草莓切小塊些，讓他練習箝指抓握。

廚事筆記
Kitchen notes

5分鐘免煮版的果醬穠稠度視莓果本身含水量及糖蜜量而異，若成品仍太稀，就再酌加奇亞籽。我想像芒果、無籽葡萄、百香果，應該也適用這食譜。

夏天是居住地的莓果盛產季，空氣裡飄浮著各色莓果香。除了鮮食、打汁、混進沙拉點心裡，熬製果醬也是享食妙方。不嗜甜的我，偏好不需大肆張羅、可少量製作、不佔儲藏空間的免煮版及輕糖版（fruit compote，通常當甜點或淋在吐司、早餐煎餅上吃，我把它調整成抹醬食譜）。前者保存鮮果的清新風味和多數營養，不甜不膩；後者沒有一般果醬的驚人糖量，卻可比擬其風味深度。結合了奇亞籽這個超級食物後，營養更是大躍進。唯一代價是兩者都無法保久，最好趁鮮食用完畢。我有空就做上一兩罐，當麵包抹醬、加進優格裡，或當豆豆午餐盒裡的三明治抹醬，都很好用。

五分鐘免煮版 （No-cook jam）

食材

- □ 切小塊的有機草莓（或喜歡的莓果）2尖杯（成品約360克）
- □ 生蜂蜜2大匙，或喜歡的量（視草莓甜度而定）
- □ 奇亞籽3大匙
- □ 檸檬汁數滴（可有可無，用來提味）

作法

1. 將草莓塊和生蜂蜜放進食物調理機（不能用高速果汁機打，會整個糊掉），以暫停鍵（pause）攪打幾次，打出還有點口感的草莓碎。視草莓甜度調整糖量後，裝入至少2杯容量、用滾水燙過風乾的有蓋玻璃罐裡。剛打好的草莓糊看起來有點水，沒關係，接下來就靠奇亞籽發功。

2. 將奇亞籽攪進草莓醬裡，置冰箱至少2小時；待奇亞籽釋放膠質，果醬就會凝結起來。密封冷藏可保存7-10天。

健康輕糖版（Berry compote）

食材

- □　夏莓3杯（我用黑莓、草莓、覆盆子各1杯），洗淨瀝乾
- □　初榨椰糖1大匙
- □　純香草精1小匙
- □　奇亞籽2大匙
- □　生蜂蜜2大匙

作法

1　將3杯莓果放進小醬汁鍋中，加入1大匙椰糖煮開，加速莓果釋出水分；轉小火，續煮15-20分鐘至水果成糊，汁液濃稠，離火放涼。

2　拌進2大匙奇亞籽、2大匙生蜂蜜，攪勻，放進以熱水燙過風乾的密封玻璃罐中，冷藏可保存1個月。

Healthy Nutella

榛果巧克力醬

我剛到美國沒多久，還沒機會認識品嚐市售榛果巧克力醬「Nutella」，就因健康亮紅燈執行健康飲食，因此我所熟知的巧克力醬配方，一向都是健康版的改良品，就算本尊名聲再響亮，看過食材清單後，我從不覺與它失之交臂是一件憾事。倒是我的家製版食材隨興調整，有時以生可可粉加初榨椰油取代深黑巧克力；有時混進植物奶或過濾水，取代部分油量；這裡則用蜜棗取代了部分糖蜜，無非都是要在顧及風味口感前提下，創造最大營養值。結果當然不道地，但收過我這個過節禮的人都說，嚐起來和本尊其實很像啊。

家有嬰幼兒
For the babies

巧克力和可可粉裡的咖啡因對嬰幼兒太過刺激，建議至少等2-3歲以後，再給孩子「淺嚐」。蜜棗很營養，但也很甜，不適合給1歲以下嬰兒食用，最好也不要單獨食用（小心蛀牙！）。餵食稍長的學步兒，可將蜜棗切小丁後，加少許入粥品或優格裡。

食材（約做1&2/3杯）

- 生榛果（Hazel nut）1杯
- 72%深黑巧克力85克（3盎司）
- 生可可粉（raw cacao powder）
  或無糖可可粉（unsweetened cocoa powder）1大匙
- 蜜棗（medjool date）4顆，去核
- B級楓糖漿2大匙
- 天然香草精1小匙
- 海鹽1/4小匙
- 過濾溫水2-3大匙

作法

1. 將生榛果平舖烤盤，以150度C（300度F）烤約20分鐘。稍涼後以毛巾或雙手搓揉去膜（沒有完全搓淨無妨）。烤榛果同時，以玻璃碗隔熱水或直接用小醬汁鍋低溫熱融巧克力。

2. 將去膜榛果放進食物調理機內，打成粉狀；續入過篩的生巧克力粉、海鹽，再入蜜棗、楓糖漿、香草精及2大匙過濾溫水，打到口感綿密細緻，完全吃不出纖維質為止。若太稠，就再加點水。取出放密封罐，冷藏可保存5、6個星期。冷藏過的巧克力醬會凝固，食用前可取出適量放小缽，隔熱水回溫，比較好塗抹。

Labneh
優格起司抹醬

家有嬰幼兒
For the babies

根據美國小兒科醫學會的最新嬰兒副食品攝取原則，沒過敏體質的嬰兒，4-6個月就可以開始吃乳製品。但因牛奶酪蛋白很難消化，我建議至少等周歲以後再餵食，而且最好給不調味的有機全脂原味優格，儘量避免加了糖和稠化澱粉的一般市售嬰兒優格。

廚事筆記
Kitchen notes

除了鹹味抹醬，也可加糖做成甜味抹醬，與水果共食、填塞入去核蜜棗中，或者化身為蛋糕上的奶霜。若一開始就選用希臘優格來做，可縮短過濾時間，但需慎選產品。

濾除乳清水的優格起司，是中東地區常見的早餐和點心抹醬，口感介於希臘優格和奶油起司（cream cheese）之間，但家製品可慎選食材，且未含任何化學添加物，味道、安全性和營養價值比上述兩種市售品強過太多。

食材＆器具（約做出1杯半）

- [ ] 全脂原味優格（儘可能選擇有機草飼牛製品）3杯
- [ ] 海鹽1&1/4小匙
- [ ] 新鮮蒔蘿3大匙（可免）
- [ ] 當載具用的蔬菜棒、脆餅、口袋餅或麵包
- [ ] 至少1公升容量玻璃罐
- [ ] 紗布／起司棉布／擠奶袋
  （三擇一。若用前兩者之一，布面要夠大）
- [ ] 橡皮筋1條

作法

1　紗布／起司棉布／擠奶袋置放玻璃罐內，以橡皮筋固定於罐緣。倒進優格和海鹽，拌勻，上覆一層保鮮膜置冰箱，讓優格中的乳清水（whey）滴濾至罐底。要確定濾布沒有浸泡在乳清裡。

2　約半天光景，全脂優格就變成口感較綿密的希臘優格（若只想吃希臘優格，就別加鹽）。要做成抹醬，最好滴濾48小時（如圖）；若要做成起司球浸泡在橄欖油裡，就再加濾一天。

3　完成的優格起司，可直接放進缽、盤裡，淋點特級初榨橄欖油，撒上香草或香料（圖左用的是中東混合香料za'atar，見209頁），以蔬菜棒或烤脆的口袋餅（Pita）舀起來吃，也可塗抹在麵包脆餅三明治上。

4　再花功夫一點，取喜歡形狀的容器，內舖保鮮膜，倒進優格起司，刮刀壓擠塑形後，放回冷藏定型，約需1小時，食用前移除保鮮膜，在拭乾切碎的鮮香草上滾過（圖中用蒔蘿）；或不用容器，直接把優格起司包覆在保鮮膜裡捲成圓柱形，冷藏定型，再滾過喜歡的辛香料或香草。可放冷藏保存1週；若無加香草，我的經驗是可放10天。小家庭或食量不多者，建議只做一半食譜量。

Anise-flavored edamame hummus

八角毛豆泥抹醬

Hummus是中東地區常見抹醬，傳統上用煮熟的乾鷹嘴豆，加上芝麻醬、橄欖油、檸檬汁和蒜末打成泥。用大家比較熟悉的毛豆來做，味道不同，但和芝麻醬也很合搭，而且多了股鮮豆的清香。要改乾脆再改徹底一點，我把橄欖油換成富含omega-3的亞麻仁油，再隨興添加綠荳蔻粉和八角，完全跳脫傳統hummus的風味了。也許就是那股讓人猜不透的神秘辛香，讓我的派對客人頻來索譜，也讓豆豆playdate的小朋友搶食一空吧。

家有嬰幼兒
For the babies

取出一點毛豆和亞麻油打成泥，可以給6個月以上嬰兒食用。已吃副食一段時間的8個月以上貝比，可加入芝麻醬和少許檸檬汁。由於這抹醬裡有生蒜頭，對小小腸胃很刺激，建議至少周歲以後，再給幼兒嚐試完整食譜配方，且一次少量；或者減少蒜頭量後再給寶寶吃。

食材

- [ ] 煮熟毛豆（毛豆是新鮮黃豆，基改嚴重，有機品為佳）1杯
- [ ] 蒜頭2大顆或3小顆
- [ ] 100%白芝麻醬（tahini paste）3大匙
- [ ] 冷壓亞麻仁油5-6大匙
- [ ] 過濾水1大匙
- [ ] 檸檬汁3大匙
- [ ] 綠荳蔻粉（cardamom powder）1/4小匙
- [ ] 八角1-2小顆，切開後去籽
- [ ] 海鹽、現磨胡椒適量

作法

八角切碎後，去除其中硬籽。和所有食材一起加進食物調理機（或強力果汁機）中，打勻即可。

column

生鮮全食物選購指南

目前法定農藥殘留安全標準，都是針對成人所能容忍的
最高上限來制訂。就算蔬果的農藥殘留量在法定標準內，
也無法保證孩子的食用安全。

這年頭,隨著做菜成顯學、飲食成為新政治,買菜也不再是提了菜籃上市場這麼簡單而已。只要食品安全、飲食在地化、食物里程、節能減碳等從肚腹丟擲出的民生政經議題持續發燒,上哪兒買菜、買什麼菜、怎麼買,始終像湖心向外擴散的漣漪,餘波盪漾,撞擊著煮婦的菜籃。

但千萬個理由都比不上「有成長中的孩子要餵養」,更值得家長們豎起耳朵、擦亮眼睛,把菜籃裡的乾坤摸清楚。理由很簡單,一是我們都希望孩子健康快樂的成長,二是發育中的兒童對營養有額外的需求,卻也對經由飲食帶來的干擾生長、破壞身體組織的農藥化肥荷爾蒙抗生素等汙染源,特別無招架之力。

懷孕或哺乳中的女性,問題更刻不容緩。因為研究證實,母體內的化學毒素會透過胎盤和母乳,傳給胚胎和哺乳中的嬰幼兒;有些殺蟲劑對胚胎、新生兒造成的神經、生殖、新陳代謝系統的病變,甚至會遺傳到他們的下一代和下下一代!

雪上加霜的是,目前法定農藥(包含除草劑和殺蟲劑)殘留安全標準,不管台灣或美國,都是針對成人所能容忍的最高上限來制訂,並未考慮嬰幼兒和發展中孩童的特殊生理狀況。而孩童因體型小,每公斤體重所吃進去的農藥殘留量相對較高(我看過的研究說是3倍於成人量!),加上排毒器官尚未發育完全,解毒能力也因此較弱。以新生兒為例,他們受有機磷農藥毒害的敏感度,是成人的65至130倍!美國國家科學院(National Academy of Science)

則估計,一個人一輩子所接觸的有毒化學物質中,有一半是在5歲以前發生的!飲食,是最直接的路徑之一。

換句話說,就算蔬果的農藥殘留量在法定標準內,也無法保證孩子的食用安全。以美國為例,家長經常給孩子吃的一些零食,像花生醬、葡萄乾和洋芋片(台灣孩子應該也吃不少),都來自噴灑最多農藥的作物。美國消費者組織「環境工作團」(Environmental Working Group,EWG)的年度報告中,農藥殘留最多的前12種(Dirty dozen)非有機蔬果,年年上榜的有蘋果、桃子、草莓、葡萄、甜椒、西洋芹、小番茄、馬鈴薯等,如果每一種都吃齊了,那孩子體內殘留的農藥種類可能高達60-70種!而台灣蔬果的農藥抽檢不合格率動輒達1成(10%),遠超過美國的1%,而且常有不得檢出的禁用農藥,台灣孩子受農藥毒害的程度,可能有過之而無不及。

這叫執掌孩子飲食的父母看了,很難不沈重。蔬果是孩子成長必需,不能不吃,但如何儘可能避免吃進化學毒素(不只農藥,還有加工過程添加的各種化學物質),兼顧安全與營養?最好的辦法,當然是選擇不使用任何化學農藥、肥料的有機全食物。如果有能力負擔,而且取得管道沒問題,那「有機、在地、當令的全食物」(四合一農產)絕對是最滋養身心、最美味,剛好又最能利潤大地的首選。如果負擔不起呢?有沒有折衷辦法?

我知道,有不少台灣民眾對有機蔬果持懷疑態

part3

度，這得怪「一粒老鼠屎壞了一鍋粥」的少數不守法農民，但認證制度本身無罪，確是保證有機栽培最可靠的方法。值得注意的是，許多進行有機栽種的小規模農場，為了節省年年要繳的認證費並未取得標章，我熟識多年的許多小農都採此經營模式。如果不放心，除了觀察蔬果賣相（蟲跡、品相不一等，是最能掛保證的安全標章！），也可以透過詢查小農的植栽理念、農場歷史，或參訪農場來確定未認證有機蔬果的安全性。

反之，也有未認證小農宣稱種植有機蔬果，其實頂多是園裡某些菜種，或某個季節未灑化學藥劑；或者未噴化學殺蟲劑，但使用了化學氮肥；或者未噴灑任何化學農藥肥料，但所用天然糞肥來自於飲食中添加多種荷爾蒙抗生素（不准用於有機認證農場）的動物。這些隱藏在「有機」大傘背後的玄機，值得你在掏錢之前弄清楚。

除了有機認證，對我來說，花點時間力氣和小農結識交心，有機會就到農場蹓蹓，是盤中殽安全健康的最佳保障；如果有可靠農場提供蔬果箱訂購（CSA），當然更方便省事。但我十幾年來結交了不少在地農友，清楚誰種的甜菜根最溫潤清甜，誰家的馬鈴薯、四季豆從不令人失望，加上我喜歡上市集，也不想對農友厚此薄彼，至今不曾訂過蔬果箱。經驗告訴我，在市集裡問小農菜有沒有灑藥、用什麼方法防蟲害是不夠的，但一句「我可以到你農場看看嗎？」通常可以嗅出點端倪。問心無愧的小農會大方告訴你，「來呀來呀！隨時歡迎你來！」囁囁嚅嚅以各種理由推拖的，直接三振出局；強調「來之前先打個電話」

column

的，也值得合理懷疑。

至於「遠地來的有機蔬果」和「在地非有機蔬果」之間，該選哪個？見仁見智，沒有絕對答案。一般來說，在地農產依節氣栽植，理論上比較好種而完全不用或不需用太多農藥，加上它食物哩程低、新鮮度高，多半時候我會選擇在地農產（確定至少是自然農法栽植的），捨棄遠地而來、營養價值在運輸過程中已流失不少的有機品。但也有一些居住地當令農產，不灑農藥就無法收成，例如蘋果、桃子和玉米，那我寧願不吃、少吃或選擇他地來的有機品；冬天居住地戶外生長停擺時，自然也不得不靠遠地來的有機蔬果過冬。

我覺得有機飲食不能離開全食物概念。只吃進一堆由有機食材精製加工而成、被剝奪所有關鍵營養的有機食品，頂多是少吃進化學農藥和少一點（不完全沒有）常見於精製加工品的化學添加物，雖能利益大地，卻不能滋養身心，在我看來，錢並沒有花在刀口上。有機洋芋片，充其量仍是空卡路里的垃圾食物罷了。如果要我在有機加工食品和一般全食物之間作選擇，那吃進一把灑了農藥但清洗乾淨的菠菜，至少在營養天平上，比精製加工的有機菠菜棒（veggie sticks）來得上算。

我可以這麼輕鬆做出選擇，主要是因我家的飲食習慣，除了亞洲麵食、歐式麵包，以及偶爾得靠一些根本無有機品可選的亞洲蔬菜來維持餐食的多樣性，絕大部分時候已接近吃百分之百有機或自然農法生產的全食物了。

蔬果的選購

總之,平日飲食有機在地全食物比例愈高,愈有選擇的彈性和空間,比較不會有非吃什麼,或非避吃什麼的疑慮。就算無法一蹴可幾,可採循序漸進方式調整飲食:

減少精製加工食品→全食物→有機全食物→有機當令全食物 →有機當令在地全食物

不可否認地,安全健康的食材確實會對荷包造成衝擊。但在說不之前,我覺得有必要把家庭開銷攤開檢視一番,有沒有不該花而花、可樽節省減之處?儘管實行有機飲食多年,我這個單薪家庭的掌櫃,直到去年才首嚐不用擔心買菜會影響家庭經濟的滋味,我堅持在緊繃的預算中挪擠空間給飲食,只因孩子家人的健康,始終在我的生活優先順序上。仔細觀想,可能你也會發現,再侷促的角落都有挪移轉圜的空間。

當然,退而求其次執行有意識的選購,儘量以農藥殘留較少的的蔬果為優先,煮食前確實洗淨,也不失為平衡荷包與健康之法。以下是台灣「較安全」及「宜少吃」的 蔬果:

「較安全」

(1)可去皮水果:如香蕉、鳳梨、柑桔、西瓜。

(2)套袋水果:如葡萄、水蜜桃、楊桃、蓮霧、番石榴。

(3)當季盛產的便宜蔬果。

column

「宜少吃」

（1）易遭蟲害，若非網室栽培，室外沒灑農藥幾乎無法收成者：高麗菜、花椰菜、芥藍、玉米、小白菜等。

（2）產季長、多輪採收，且連皮（莢）一起吃的蔬果：菜豆類如菜豆、豌豆、四季豆，以及秋葵、番茄、苦瓜、小黃瓜、胡瓜、彩色甜椒、芥藍等。

（3）大雨或颱風前後搶收的蔬果。

此外，EWG針對美國大眾飲食習慣而定的年度蔬果購買指南，似乎不關台灣事，但因有愈來愈多都會區民眾到美商經營的大型超市（如好市多Costco）買菜，加上有些蔬果的植栽特性雷同，我覺得仍有參考價值。登上惡名榜的幾乎都是累犯，年年變動不大，很容易辨別。以下是EWG的2015採購指南：

「Dirty dozen」（請選有機）

即農藥殘留最多前12名蔬果，依殘留量多寡：蘋果、桃子、油桃（nectarine）、草莓、葡萄、西洋芹、菠菜、甜椒、小黃瓜、小番茄、甜豆、洋芋。另加兩種殘留情況不是最糟，但檢出劇毒農藥者：辣椒、美國甘藍類（kale 和collard green）。

「Clean 15」（可買慣行）

美國酪梨、甜玉米、鳳梨、高麗菜、冷凍青豆仁、洋蔥、蘆筍、芒果、木瓜、奇異果、茄子、葡萄柚、哈蜜瓜、白花椰、地瓜。

有機5日排毒法

無法實行有機飲食或經常外食的家庭，可以嘗試「有機5日排毒法」。美國一項針對3-11歲兒童進行的研究顯示，平日吃非有機蔬果的孩子，只要連續吃5天全有機飲食，體內的有機磷農藥就幾乎被完全排出。雖然一旦恢復吃平日飲食，有機磷又會立刻出現在尿液裡，至少每隔一段時間讓孩子的身體有喘息空間，避免化學農藥有機會在體內長期累積。我建議家長不妨把每個月1-5日（月初手頭較寬鬆），訂為全家有機排毒日。

奶肉蛋品的選購

如果你是肉食者，或餵養孩子少不了肉，花點時間想想平日吃的動物製品來源，在食安問題頻傳的當口，應是最起碼的投資。因為我們吃的奶肉蛋安不安全、健不健康，取決於來源動物吃得好不好、過得快不快樂。You're what they eat，牠們吃什麼，你就吃什麼！

理想狀態（即大自然法則）下，牛羊天生要吃草，依隨季節逐水草而居；豬雞鴨鵝等禽畜可隨興吃野地裡的蟲草野物。只要天氣允許，牠們還

能自由徜徉於陽光、新鮮空氣與天地之間，成為快活的「放牧」（pastured）動物。

這樣長大的動物，跟人一樣，身心健康、精氣神足，不容易生病，或者生了病恢復得很快，不需要怎麼用到藥物。牠們產出的奶肉油蛋，口感乾淨、風味清鮮，蛋黃呈飽和鮮勻的橘色（那和刻意只餵玉米的人工橘不同），牛奶含豐富的維他命A、D和K2，而且飽和脂肪較低，單元不飽和脂肪酸、omega-3必需脂肪酸、維他命E、共軛亞麻油酸（CLA）等好油大幅增加。

放牧飼養既顧及了動物福利，算是對得起牠們為人類犧牲貢獻的美意，也跟在地當令的有機蔬果一樣，最能滋養身心，利潤大地。因為放牧飼養的基本門檻，已決定了動物權和生態之間的互利共生，也顯示牧場主人願意善待動物和土地的決心，因而不需要對牧草施化肥灑藥（牛雞糞就是最好的天然肥），也盡力維持土壤和牧場環境免遭污染。

這在地小人稠的台灣很難實行，因為空間極有限，集約（工廠式）飼養似乎是解決大量肉品需求的唯一途徑。但消費者也不至於束手無策，還是可以從飼養環境、飼養時間長短、飼料品質、有無打藥、是否友善屠宰等，來衡量肉品的安全和品質。羊毛出在羊身上，「俗擱大碗」不應該是對食物的合理期待；善待動物等於善待身體，卻是現代飲食一再被證明的鐵律。

相較之下，選擇較多的美國消費者，不見得比較

輕鬆，光是解讀超市肉品的包裝玄機，就可能讓人頭痛。但頭痛，比被騙上當好。例如有些人看到包裝上的「純天然」（all natural），就以為是沒打藥肉品，其實那不過是脫褲子放屁強調肉品本質的天然，與飼養方式無關；或者豬雞肉上加註「無添加荷爾蒙」（hormone free），就以為是比較安全的產品，但法律本來就規定豬雞不能打荷爾蒙。

column

上圖‧初抵冬季牧場的草飼放牧牛；左下圖‧放牧雞；左中圖‧作者參訪放牧草飼牛牧場。

還有，雖說放牧、有機肉品一定比打了多種抗生素、化學藥劑和荷爾蒙（僅限牛隻）的慣行肉品好，但就跟市售麵包上標註的「全穀」對人的混淆視聽一樣，肉品廠商也趁此熱潮對其產品「灌水」，讓被誤導的消費者當了冤大頭還不知。

例如牛肉、牛奶和牛油，除非強調百分之百「草飼放牧」（100% grass-fed and pastured）產品，消費者無從得知牛隻飲食裡青草比例有多少、待在戶外的時間有多長。例如寒帶地區牧場的牛隻，可能1年裡頭只有短暫數月待在戶外，其他時間都關在牛棚裡嚼乾草（甚至穀物）；也有業者存心鑽法律漏洞，只要牛隻「曾經」待在戶外，哪怕1年裡只有幾星期，也宣稱養的是放牧牛。

美國有機鮮奶最大品牌Organic Valley一直到3年前在加州市場首推100%草飼鮮乳後，不少消費者才恍然大悟，原來之前喝的有機乳品，並非如包裝上所暗示來自百分之百草飼乳牛。又如經認證的「有機」牛肉，雖然牛隻確實吃有機飲食，生長環境比住集中飼育場（feedlot）的牛隻好很多，也有門戶讓牠們進出牛棚，但那離徜徉田野青草間，可隨時遊晃進出、咬食鮮草的草飼放牧牛肉品，還有一段距離；何況法律允許有機飼養牛隻在最後幾個月被送進飼育場吃穀物增肥。類似情況也存在於雞、豬、羊等有機肉品上。

歸根究底，現代農業為了提高生產效率的大規模種植、飼養，仍是食之不安的惡源，相較之下安全可靠的小農產品因此更彌足珍貴。以奶肉蛋製品來說，有機放牧產品固然是最佳選擇，但和蔬

果一樣，有些小農為節省認證費和繁複文書作業而未取得標章。我覺得只要確定牛羊是100%草飼放牧、豬雞鴨鵝等雜食禽畜絕大部分時間悠遊於外，必要時吃的是非基改穀物（有機品更好），且牧場管理得當，如前所述，那品質就有一定保證，是不是經有機認證就沒那麼重要了。當然，如果你願意像我一樣，花點時間親上牧場觀察動物的生養作息，會更有保障。

肉品選擇底線：
不打藥＜有機＜草飼（牛羊）及（或）放牧（所有肉品）＜有機草飼放牧（牛羊）或有機放牧（其他肉品）

海鮮漁貨的選購

符合永續理念，且能滋養身心的產品，是首選。一般來說，在同樣不造成生態衝擊下，野生漁種會比養殖漁種來得好。

以美國為例，同樣是永續漁種，以友善海洋方式管理、捕撈的阿拉斯加野生鮭魚，就比遠道而來的「底層清道夫」飼養鯛魚（因飼養水質可能遭汙染或採用化學藥劑），來得安全健康；有配額管理捕撈的海蝦，也比進口養殖蝦好。唯一缺點是，安全健康通常得多付出代價才吃得到。

蕞爾小島的台灣，近年海洋資源枯竭每況愈下，如何在生態、健康與荷包之間取得平衡，更具挑戰。因海洋資源、管理法規及可取得性不同，購買時請參考台灣魚類資料庫海鮮指南：http://fishdb.sinica.edu.tw/chi/seafoodguide.php。

Seasonal vegetables

3-2　季節時蔬

依隨四季、煮食在地,是我們和生活的土
地,最親密的連結;也是培養孩子家人,
身心自然渴求節氣之味的關鍵。

Polenta
with mushroom
and green peas

義式鮮菇青豆
玉米粥

家有嬰幼兒
For the babies

打成泥的青豆仁，是豆豆6個月時的第1個嬰兒副食。若怕青豆太甜影響其他青菜的攝取，可以滴幾滴檸檬汁，提味又降甜度。已經吃副食一段時間的貝比，只要確定沒過敏，大可取出少量食譜成品來打成泥（怕太鹹就加點水稀釋）餵食。10個月以上的寶寶除了吃玉米粥，也可將鮮菇切小丁、把青豆仁煮爛些，讓他自己抓來吃。

雖然冰箱裡一年到頭都有冷凍青豆仁，但春天才看得到、吃得到的連莢鮮青豆，我總是不想錯過。常常在店裡剛付了錢，我就忍不住剝來吃。那清甜，像偷加了糖蜜的四季豆；那翠綠，如春雨過後的田野新綠。就因那股清新，我喜歡拿它來佐搭同樣清鮮的菇類或海鮮，用帶著橄欖香脂的滑潤玉米粥一起送入口，春天就在齒頰間漾開來。

食材（3-4人份）

- ☐ 青豆仁100克（我用310克鮮豆莢剝出，約1/2杯多一點）
- ☐ 混合鮮菇270克（我用shitake120克、鴻禧菇150克）
- ☐ 蒜末2瓣
- ☐ 雞（或蔬菜）高湯1/4 杯
- ☐ 巴沙米克醋1小匙
- ☐ 海鹽、現磨胡椒適量
- ☐ 白酒少許
- ☐ 新鮮芽苗少許（可省）
- ☐ 巴西里1小撮，切末
- ☐ 特級初榨橄欖油1大匙

 玉米粥
自製玉米糕（約2吋方塊）8塊
雞高湯3/4杯

*玉米粥／糕作法，見140、284頁

作法

1　將玉米糕放進小湯鍋裡，加入雞高湯，邊煮邊攪至成粥狀。

2　以中火加熱平底鍋（或炒鍋），加進1大匙特級初榨橄欖油，
　炒香蒜末。續入鮮菇，拌炒到稍軟後，嗆一點白酒，加青
　豆仁、高湯，以海鹽、黑胡椒、巴沙米克醋調味，開大火收
　乾汁液，前後約2分鐘，請留心，否則青豆仁一過頭就塌陷
　了。起鍋前拌進巴西里末。

3　舀適量玉米粥入湯盤，疊上炒好的青豆鮮菇，以芽苗裝飾（若
　有用），食用前淋點特級初榨橄欖油。Enjoy！

Baked king oyster mushroom with herb

香草烤杏鮑菇

家有嬰幼兒
For the babies

撕長條的杏鮑菇，剛好適合給6、7個月仍在用手掌抓物的嬰兒抓取、咬磨，也可磨成泥加進其他副食。8-10個月已會箝指抓物的嬰兒，則可餵食小丁。

廚事筆記
Kitchen notes

一般都是用刀將杏鮑菇切片或切條後調理，但纖維被一刀整齊切斷後，雖然菇片表面光滑，但吃起來口感其實較硬。手撕菇條因順著纖維紋理自然斷裂，讓菇身的海綿質自然呈現，可更快釋放本身和吸收其他食材的香氣，在軟嫩中帶著爽脆，吃來別有一番風味。

我對菇類完全沒有招架能力，來什麼吃什麼，煎烤燉炒都吃得痛快。若是自己掌廚，我偏好能提升菇類大地氣息和曠野鮮香的箱烤和乾蒸法。如果你一向只習慣炒香菇，家裡又有烤箱，不妨換個口味，試試這個簡易卻讓家常食材口味升級的做法。它很可能讓你繼我之後，成為愛菇一族！

食材

- 杏鮑菇4-6根（約530克），手撕成條
- 蒜末2瓣
- 香草1小把（巴西里、香菜、青蔥，或紅蘿蔔葉都行），切碎
- 特級初榨橄欖油1-2大匙
- 海鹽1/2小匙
- 現磨黑胡椒少許
- 紅甜椒末2大匙（裝飾用，可免）

作法

1 烤箱預熱到190度C（375度F）。將紅甜椒（若有用）以外的所有食材放進烤盤中，均勻混合後，蓋上錫箔紙烤20分鐘，或至香菇軟化出水，但還保有爽脆口感為止。

2 將烤好的杏鮑菇盛盤，淋一點特級初榨橄欖油，再撒上紅甜椒裝飾，就是一道色香味與口感兼俱的菜餚。

Southeast Asian style green beans

南洋風四季豆

家有嬰幼兒
For the babies

和綠蘆荀一樣,只加一點水煮軟的四季豆,是開始吃副食的貝比練習抓握、吸吮、咀嚼的好朋友。不只適合讓寶寶同桌共食,也可多煮一些密封冷藏,當外出點心,或冰冰涼涼的給長牙的寶寶磨牙用,也無不可。

廚事筆記
Kitchen notes

香茅和南薑是東南亞菜系裡常見調味香草,南薑風味尤其特別,它的辛辣更甚於薑,還帶著些許松香,若不好找,可以老薑替代,但做出來風味不太一樣,也好吃。這道菜冷熱皆宜,若想溫食,只要以炒菜鍋替代醬汁鍋來燒醬料,再加進四季豆拌炒到溫熱就行了。若手邊沒有四季豆,綠蘆荀、秋葵或切細長的青花椰也適用。

四季豆是我家吃最多的蔬菜之一,因為豆豆很愛,在地生長季也長,可以從6月一路吃到10月,而且品種多元,肥瘦粗細互別苗頭。如果有得選,精細比粗肥的更適合這做法,一來縮短烹煮時間,減少養分流失,二來較能有效吸收醬汁。

食材(3-4人份)

- 四季豆460克,去邊絲(但保留尖尖的尾巴,賣相較佳)
- 美式細長紅蘿蔔1條,剖半再斜切成片
- 香茅(lemongrass)1根,去除老硬外層後切碎
- 蒜末2瓣
- 南薑(galanga)或老薑1/2吋長
- 魚露2大匙
- 天然發酵醬油1大匙
- 楓糖漿或初榨椰糖1小匙
- 特級初榨橄欖油或味道中性油(如精製椰油)2大匙
- 烤過花生2-3大匙,切碎

作法

1 先準備1盆冰水備用。接著燒鍋熱水,撒進夠份量的鹽(四季豆很吃鹽,我用猶太鹽),入四季豆煮4-7分鐘(本地市集買來的鮮貨,煮3-4分鐘就夠了,有時鮮嫩到清蒸就透了;超市品幾乎要煮加倍長),起鍋前1分鐘加進紅蘿蔔片。待豆子煮透就撈出,過冰水降溫來增脆保色,瀝乾。

2 小醬汁鍋裡加進2大匙油,以中大火炒香蒜末和南薑末,續入香茅碎,炒到噴香出味,以魚露、醬油、糖(蜜)調味,再煮個1-2分鐘讓味道融合。

3 將四季豆盛入大碗裡,淋上溫熱醬汁,拌勻,撒上花生碎即可。

Baked eggplant "fries"

烤茄條

這道酥脆的茄子「薯條」，讓一向不敢吃黏滑口感蔬菜（包括茄子、秋葵、櫛瓜、絲瓜）的豆豆吃個不停，還強調他很喜歡這茄子，至少是這種茄子。喜歡起司的，可在裹粉裡加一點現磨帕瑪森起司粉。

家有嬰幼兒
For the babies

留幾條不裹粉的茄條，一起烤熟放涼後，可去皮、加奶水搗成泥給6、7個月嬰兒吃；餵食8個月以上嬰兒，可以在調製裹粉時，先不加鹽和匈牙利辣椒粉，取出少量，分開沾兩條同時烤，再放涼給寶寶整條抓著吃，或切小丁練習以手指撿起來吃。

廚事筆記
Kitchen notes

自製麵包粉：將乾吐司或歐包（例如像我以前有不少烤砸的那種）切成半吋方塊，加進適量橄欖油，單層平鋪在烤盤上，進175度C（350度F）烤箱烤乾，中途翻面一兩次，約15-20分鐘。取出放涼後，放進食物調理機中，視需要打成粉狀（如這道）或粗粒狀即可。或者切好麵包先進調理機打成粗粒，再加油進烤箱，可縮短烘烤時間。可以事先多做一點，密封放冰箱冷藏，使用前再加進喜歡的調味和香草。

食材

- □ 長茄 1-2 條或圓茄1顆，切成細長薯條狀
- □ 有機蛋1顆，打散
- □ 自製原味（或市售）麵包粉 2/3 杯
- □ 普羅旺斯香料（herbs de provence），或喜歡的香草香料 1 -2小匙
- □ 匈牙利辣椒粉（paprika，不會辣）少許
- □ 切碎的新鮮巴西里1-2大匙
- □ 海鹽和現磨胡椒適量

作法

1 麵包粉和香料、香草、鹽和胡椒混合，置於一平盤；打好的蛋液置放碗中。

2 將切好茄條逐一浸入蛋液中，取出後沾裹混有香草料的麵包粉，進230度C（450度F）的高溫烤箱烤12-14分鐘，或至茄條表面金黃酥脆即可，直接沾番茄醬吃。現做現吃最脆；若回軟，進烤箱再加熱還會酥脆。

Zucchini patties with wheat germ

櫛瓜胚芽煎餅

家有嬰幼兒
For the babies

蕎麥是種籽，不含麩質，比小麥好消化。可以拿蕎麥粉加水煮成粥，給8個月以上或已經吃副食一段時間的寶寶食用。餵養10個月以上貝比，只要確定沒對小麥胚芽或蛋過敏，可在拌好麵糊輕調味後取出一點煎熟，再切小丁給寶寶吃。

食材事典
About the ingredients

櫛瓜外型長得像黃瓜，但質地較軟、微苦，是西式料理常見食材。無論煎、煮、烤、炸或生食（削薄片加進沙拉或刨絲當成生義大利麵）都可，是我家夏季常吃的蔬菜。

這煎餅最早是我為了豆豆不愛吃的櫛瓜而做的，結果他很愛，根本不必「走私」，而且後來發現它其實運用度很廣，簡單又百搭。鮮蒔蘿有股特殊的香氣，讓煎餅吃起來很西式風味，但中式蔥蒜香菜也合味； 如果櫛瓜不好買，胡瓜、紅白蘿蔔、玉米、青豆仁、蕪菁、韭菜，或任何葉菜，也都可以拿來做煎餅。我用蕎麥粉和小麥胚芽來提高營養價值，但全麵粉、營養酵母、亞麻仁籽粉或堅果粉，也可達到同樣目的。

食材（3-4人份）

- ☐ 大型櫛瓜（Zucchini）1條，刨絲
- ☐ 洋蔥1/2顆，切丁
- ☐ 新鮮蒔蘿數株（或乾燥蒔蘿1小匙），切碎
- ☐ 有機蛋1顆
- ☐ 蕎麥（或全麥）粉1/2杯
- ☐ 小麥胚芽1/4杯
- ☐ 海鹽和胡椒適量
- ☐ 紅辣椒粉，孩子可接受的量（可免）
- ☐ 特級初榨橄欖油2-3大匙（油煎用）

作法

1   將所有食材混拌均勻。乍看會有點乾，但櫛瓜絲會出水，慢慢就會成麵糊。若太溼就再加點蕎麥粉或小麥胚芽。取一點放微波爐煮過試味，像我舀一點出來舔過，調整鹹淡。

2   以中火預熱11吋不沾平底鍋，加進1大匙油，旋鍋讓油分佈均勻。用大湯勺將麵糊逐一舀進鍋裡，稍微壓扁整成圓形。待底部金黃就翻面，再煎個1-2分鐘即可。重覆以上動作把麵糊煎完。

Curried potato salad

咖哩馬鈴薯沙拉

家有嬰幼兒
For the babies

只要確定貝比沒對牛奶製品或蛋過敏，這道菜裡的蒸熟馬鈴薯、水煮蛋黃和有機全脂原味優格，搗成泥（必要時稀釋）或切成適口大小，不管是在哪個階段，都是很好的副食選擇。

馬鈴薯在我家不算熱門，但有幾種煮法保證它的銷路。一是從《廚房裡的人類學家》作者莊祖宜書上學來，咱大陸同胞的家常做法炒土豆絲；一是切薄片調油蒜入烤箱烤至金黃；再一就是我福至心靈，誤打誤撞搞出來的這道咖哩馬鈴薯沙拉。這個咖哩優格醬不只配馬鈴薯，也當生菜沙拉醬；用棉布濾除一點水分後，還能塗抹三明治。

食材（yukon gold 3顆或 red potato 4顆）

- 馬鈴薯約500克（3顆 yukon gold 或4顆 red potato）
- 有機中型水煮蛋2顆
- 有機小型甜蘋果（Gala 或富士）1顆（或中型1/2顆）
- 現擠檸檬汁少許
- 蝦夷蔥（chive）或嫩春韭 1小撮，切末

醬汁

- 有機全脂原味（或希臘）優格1/2 杯
- 印度咖哩粉1小匙
- 蜂蜜1大匙（視優格本身甜度調整）
- 海鹽1/2小匙
- 現磨胡椒，4-6轉或適量

作法

1 取一小碗，放進所有醬汁食材，拌勻備用；蘋果切丁後，擠進一點檸檬汁，防氧化變色。

2 馬鈴薯洗淨後，挖去芽眼、刮除部分粗老外皮，切成適口大小，以電鍋或蒸鍋蒸熟。趁熱撒一丁點海鹽（不要放足，還有醬汁），放涼。

3 將馬鈴薯丁、蘋果丁、以手揉碎（或切丁）的水煮蛋和蝦夷蔥末，放進沙拉碗中，淋上咖哩優格醬，拌勻即可。

Arugula and pumpkin salad
芝麻菜南瓜沙拉

家有嬰幼兒
For the babies

取出少許南瓜，不調味蒸熟後搗成泥，給剛開始吃副食的嬰兒吃；也可保留舟狀，讓貝比方便抓取練習咬磨。8-10個月嬰兒或已會手指抓物的寶寶，可切小丁讓他自己練習餵食；也可將南瓜和攪碎漢麻籽混合，加奶水稀釋後，用湯匙餵食。

食材事典
About the Ingredients

芝麻菜原產於地中海岸，味道苦中帶澀，是義大利菜常用食材，在美國也很受歡迎。芝麻菜的維他命C和鉀含量很高，嫩葉一般當沙拉菜生食，老葉可像其他深綠色葉菜般熟食，快炒或加進火鍋中涮煮都好吃。煮熟後的芝麻菜，少了辛澀（peppery）味，吃來有一點像A菜。如果不容易買到，可以菠菜、西洋菜（watercress）替代。

這道集合了居住地秋冬蔬果的冬日沙拉，因為烤南瓜的甜潤而不顯陰涼，而且因食材多元、口感豐富，軟潤脆硬、酸甜對比都俱備了，只需簡單的油醋來提味，是體驗當季食材天生美味的絕佳組合。

食材

- 台灣南瓜或日本南瓜（kabocha）1/2個，約600克
- 芝麻菜（arugula）手抓3大把
- 喜歡的芽菜1小撮
- 櫻桃蘿蔔數顆（或小型甜菜根1/2顆），片薄
- 小型紫洋蔥（red pearl onion）適量，切細絲
- 石榴子1小把
- 漢麻籽（hemp seeds）2-3大匙
- 特級初榨橄欖油1大匙
- 海鹽和現磨胡椒適量

醬汁

- 特級初榨橄欖油（EVOO）1/4杯
- 天然發酵蘋果醋（raw and unfiltered apple cider vinegar）或檸檬汁 4小匙
- 蒜末1顆
- 海鹽、現磨胡椒適量

作法

1　取一有蓋的回收玻璃瓶，加進所有醬汁食材，加蓋後搖晃至醬汁乳化。

2　南瓜去籽後切成厚1公分舟狀，以1大匙橄欖油、海鹽和現磨胡椒拌勻，單層平舖烤盤上，進190度C（375度F）烤箱烤20分鐘；翻面再烤10-15分鐘至南瓜表面微焦，取出放涼。

3　沙拉盤上依序舖上芝麻菜、南瓜、芽菜、櫻桃蘿蔔和紫洋蔥，最後撒上石榴子和漢麻籽，淋上適量醬汁即可。

Beet and Orange Salad

香橙甜菜沙拉

家有嬰幼兒
For the babies

可將煮熟甜菜根切大塊,讓6-7個月大嬰兒整個抓取吸磨品嚐(甜菜根會染色,最好給貝比戴條塑膠圍兜),或取1小塊加奶水磨泥再餵食。甜菜根很清腸,一次以吃1茶匙為限。稍大些可用手指抓握的寶寶,可視手指熟練度切細條或丁狀,讓他自己餵食。柳橙很甜,建議將果肉撥出少許給寶寶品嚐,或者以10倍水對1倍果汁,再給10個月以上嬰兒淺飲。

秋冬甜菜根盛產期,我喜歡隨時煮幾顆甜菜根放冰箱(可放2-3星期)。不管是混進生菜沙拉裡、切小塊和酪梨丁混拌成午餐盒配菜,或者天冷嘴饞想來點甜滋味時,像這樣把它和一樣盛產的柳橙送作堆,都是方便變化菜色的好選擇。我常帶這道菜參加一戶一菜派對,好看又好吃,輕易贏得讚賞。

食材

- ☐ 中型甜菜根2顆
- ☐ 大型柳橙2顆
- ☐ 大型黃檸檬1/2顆
- ☐ 胡桃(pecan)或喜歡的堅果1小把,低溫烤過
- ☐ 菲它(feta)起司1大匙(吃全素者可免)
- ☐ 特級初榨橄欖油1-2大匙
- ☐ 海鹽及現磨胡椒適量
- ☐ 薄荷葉數片(可免)

作法

1. 甜菜根洗淨。醬汁鍋中放入蓋過甜菜的水量,水滾後轉小火煮35-40分鐘,至甜菜根軟化。待涼後,用手揉搓就可去除外皮。

2. 將甜菜根橫擺,切成寬半公分的圓薄片,擠上約半顆檸檬汁(甜菜根很甜,不會太酸!),將每一片舖開並攤平後,均勻撒上海鹽和現磨胡椒,靜置備用。

3. 切去柳丁頭尾,讓它穩當地立在砧板上。用刀緣緊貼果肉由上而下削去外皮後,自中間切對半,每一半再橫擺切成0.5公分厚的半圓薄片。

4. 取一圓盤(或長盤),依序交疊上甜菜根和橙肉片,直到滿盤。食用前淋上初榨橄欖油、撒上碎胡桃、揉搓進菲它起司,最後以薄荷葉裝飾即可。吃的時候記得要各種食材集於一口,才能對比出甜酸滋味和軟硬口感。

Coconut-flavored mashed pumpkin

椰香南瓜泥

家有嬰幼兒
For the babies

可在南瓜煮熟、未調味前，取出一小部分與水煮蛋、椰油混拌後，給6個月以上嬰兒食用。不搗成泥切小塊，則可給較大、已會手指抓物的貝比食用。

廚事筆記
Kitchen notes

椰油遇冷會凝結，冷藏過的南瓜泥，記得先取出回溫再食用。

因為台灣張媽媽的引進種植，台灣南瓜總是在盛夏時節，搶在本地秋瓜登場前提早現身市集，猜想可能因台灣南瓜在寶島產季本來就長，飄洋過海到了溫帶的美國中西部後，順應天候調整了生長季，才會出現這個奇特的「當秋瓜遇上夏瓜（小黃瓜）」的組合。特級初榨椰油和南瓜地瓜是一拍即合的好搭擋，這裡再次獲得印證。

食材

- ☐ 台灣南瓜或日本栗南瓜1/2 顆（約500克）
- ☐ 小黃瓜1條
- ☐ 有機蛋2顆
- ☐ 初榨椰油1-2大匙（視南瓜甜度而定）
- ☐ 海鹽、現磨胡椒適量
- ☐ 肉桂粉少許（不嗜者可免）

作法

1. 南瓜去籽，連皮切塊（非有機請去皮），放進電鍋中蒸熟（方便快速），或進200度C（400度F）烤箱烤15分鐘（風味更濃郁）。

2. 同一時間，小黃瓜切薄片，撒點海鹽，靜置5-10分鐘，用手揉搓稍微去水；燒一小鍋熱水，入蛋煮至全熟，約8-9分鐘。

3. 煮（烤）好南瓜趁熱加進海鹽、胡椒和肉桂粉（若有用）調味，續入1大匙椰油、小黃瓜和水煮蛋，搗成還留有一點口感的粗泥狀。試鹹淡。若南瓜不夠甜，請酌加椰油。初榨椰油的甜香和濃郁能提味增香。

4. 趁溫熱吃，或用生菜葉包起冷食，風味都好。

Tofu and veggie korma

印式豆腐蔬食咖哩

印式料理是我常做的家常菜。懶得動手組合香料或動腦筋想配料時,這個利用現成混合香料和冰箱裡常備冷凍蔬菜做成的快手咖哩,常是蔬食日的救星,搭配飯、手邊隨便有的麵包、口袋餅或印度抓餅都行,而且一煮一大鍋,隔天更入味,帶便當也方便。豆豆從3歲開始與我們同吃不額外加辣的咖哩,如今家製咖哩飯已成了他極愛的餐食,常常吃一大盤,有時還會回添!

家有嬰幼兒
For the babies

可以拿一點咖哩裡的豆腐(剛煮好還不怎麼入味),用開水沖掉汁液後,給周歲以上幼兒食用。若要給3歲以上幼兒吃同鍋咖哩,可以在煮的時候減少咖哩粉量,或加水稀釋醬汁。

廚事筆記
Kitchen notes

如果不喜歡豆腐,用鷹嘴豆或雞肉也行;沒有印度傳統酥油,可以初榨椰油替代,但酥油讓咖哩風味之濃郁,確是其他油脂無法替代的。

食材

- □ 硬式豆腐2盒,切適口大小
- □ 冷凍混合蔬菜1包(10oz／284克)
- □ 洋蔥1顆,切丁
- □ 現打冷凍番茄糊(或市售番茄糊)2杯
- □ 蒜末4顆
- □ 薑末1/2吋長
- □ 全脂椰漿1罐
- □ 印度咖哩粉2大匙
- □ 海鹽、現磨胡椒適量
- □ 印度傳統酥油(ghee)2大匙(見102頁)
- □ 香菜1小把,切末
- □ 綠萊姆(lime)汁,少許(可免)
- □ 紅辣椒粉,適量(給大人那1份)

作法

1 以中大火熱鍋,入2大匙酥油炒香蒜末和薑末,續入洋蔥丁炒到稍微軟化。

2 加進番茄糊、椰漿、咖哩粉和豆腐,煮開後轉小火加蓋煮15-20分鐘;最後加進冷凍蔬菜,以海鹽、現磨胡椒調味,煮到蔬菜軟化為止。

3 起鍋前擠進一點萊姆汁、撒上香菜末。先取出給孩子吃的份量,再加進紅辣椒粉讓大人過過辣癮!

column

先斬後奏的完美變身菜

夾帶走私雖有立即功效，卻無法去除孩子對討厭蔬菜的
戒慎恐懼；只有先斬後奏，終究讓孩子知道吃進了什麼，
並持續嘗試，才能改變孩子對討厭食物的觀感。

即使豆豆是個吃很多蔬菜的孩子，可有些蔬菜，像綠蘆筍和苦瓜，可是花了一段時間，才讓他從討厭吃，到願意吃，再到喜歡吃的；另有些蔬菜，就算他從不停止嘗試，至今只要是看得到原形（通常是中式煎炒），仍無法克服口感障礙，停留在「吃一口」階段，包括絲瓜、秋葵、櫛瓜和茄子等「黏滑一族」。

這些口感黏滑的「一口蔬」，加上苦瓜，都是夏天盛產的在地品，每一種採收期起碼一兩個月。這段期間上農夫市集（每週一到兩次），放眼望去，若不是老中搶著要的絲瓜、苦瓜，就一定有黃、綠櫛瓜，再不就是身形圓胖或細長的中西品種茄子。對依隨季節、煮食在地的煮婦我來說，每個禮拜買吃同樣的菜，有時確實是挑戰（哎，今晚又是蛋花絲瓜！）；而討厭吃這些菜的豆豆，也難免哼哼呵呵。

既然飲食大原則不可能改變，我非煮不可，豆豆非吃不行；既不想吃膩，也不能眼睜睜看兒子只肯吞下那一口，我這媽能做的，就是想盡辦法在廚房裡變花樣（這麼被逼著變換調理方式，也算意外收穫）。也許是換一種煮法，換一種調味；也許是改變蔬菜的形貌；或者找出合適的載具，讓討厭蔬菜巧妙融入其中；或者以他無法拒絕的方式呈現（櫛瓜鹹塔誰不愛？）；再不就是改變口感，顛覆他對原口感的認知。

的確，很多時候孩子不敢吃某一樣菜，問題不在於味道，而是出在口感，或與過去不愉快的經驗做聯想。換個煮法，轉移熟悉的食材形貌，很可能讓孩子對某樣菜的戒慎恐懼，因此鬆動，甚至消失。

———

到目前為止，除了絲瓜因中式蒜炒已太清甜好吃，也實在想不出其他可以讓人忽視它存在的做法，讓我至今一籌莫展，其他豆豆因口感而不喜歡的幾種菜，倒是在我不棄煮的努力下，都有進展。他聲稱最討厭的櫛瓜，反而因我最常煮而成為他吃最多的討厭蔬菜。

以夾帶走私來讓孩子不喜歡吃的蔬菜變不見，大概每個媽媽都試過。坦白說，為了釣魚上鉤，剛開始難免得走私個一兩回，但我的目標是「先斬後奏」，一旦豆豆接受新吃法，就對他坦白：「你好棒哦，吃了好多你平常不吃的櫛瓜。原來你可以吃"這種"櫛瓜耶！謝謝你讓媽咪知道。」

一鍋煮滋味豐富鮮美，很難讓人拒絕，適合加進各種蔬菜。

也就是說，豆豆可以不用從此愛吃櫛瓜，但我這媽要製造機會讓他了解，他不是一直都討厭櫛瓜的，只是他不知道而已；就算新作法裡櫛瓜不是唯一食材，我也特別強調櫛瓜的存在，因為那才有機會改變他對櫛瓜（或任何討厭蔬菜）的看法。謝謝他，則把主導權輕易交還給孩子，遮掩了媽媽的處心積慮，同時在他心裡種下一顆種籽，他是「有能力」辨別和接受同一食材的不同作法和吃法的。

有時候，單純不放棄地讓孩子一直試（見53頁「試一口」策略），就可以讓孩子的味蕾因習慣而接受，進而克服對某些菜的抗拒。豆豆小時候吃不少，上學後突然不肯吃的綠蘆筍，就是一例。我唯一做的，就是密集（春天產季時，我煮蘆筍一點不手軟）但漸進地讓他溫習已經在味蕾記憶裡的味道，從吃一口、一段，到半根、一整根，到產季末了，他已能毫無顧忌地一餐吃下好幾大根蘆筍了。當我們熱烈誇獎他時，他很得意地說：「我已經敢吃蘆筍，也慢慢習慣櫛瓜了，但我還是不喜歡它（後者）。」我也乘勝追擊：「沒關係，我們再繼續試 。」

又如苦瓜，這個不友善孩童的討厭菜榜首，看起來似乎門檻很高，沒幾個學齡前孩子可輕易翻越，在我家卻終究讓一小小備菜工序給化解了。苦味當然是孩子吃苦瓜的最大障礙，但當豆豆肯吃把拔煮的，而不肯吃媽咪煮的同一道菜時，似乎另有原因。媽咪比較不會煮？這菜明明是我教把拔怎麼煮的呀！把拔挖的瓜囊也不見得比媽咪挖的乾淨！「No! 我就是不喜歡吃苦瓜。」

有時候孩子也解釋不清。這麼有時吃，有時不吃一段時間後，是細心的把拔發現，原來他的苦瓜都切得很薄，煮得比較軟，吃起來就不至於滿嘴苦味，媽咪這才恍然大悟。從此豆豆不再抱怨吃苦瓜，甚至習慣成自然地連最苦的山苦瓜，也甘之如飴。讓我這個到20幾歲才敢吃苦瓜的媽，可崇拜咧！

以下就用豆豆曾經不喜歡，或依然不喜歡（黏滑口感）的蔬菜為例，列舉我的烹調應變之道。也許你家孩子不介意，甚至愛吃這些菜，但同樣原則可以套用在讓你和孩子頭痛的蔬菜或食物上。

column

part3

我家的「討厭蔬菜」變身法

蔬菜種類	理由	煮法	口感
櫛瓜	討厭	中式煎、炒	口感黏滑
		普羅旺斯燉菜（ratatouille 電影料理鼠王的主題菜）	燉煮到軟潤而口感黏糊
	接受	刨細長絲的生櫛瓜涼麵	改變形狀和口感，並用不同調味改變味道
		生櫛瓜薄片沙拉	改變形狀和口感
		切厚片火烤	口感爽脆且多了股油焦香
	喜歡	櫛瓜絲煎餅（見176頁）	改變形狀口感風味
		含櫛瓜（丁）的乾豆蔬菜湯	搭便車
		櫛瓜鮭魚鹹派（見248頁）	改變形狀口感風味；善用載具
茄子	討厭	蒜炒或紅燒	口感黏滑
	接受	烤茄泥抹醬（baba ganoush）	改變形狀口感味道
	喜歡	烤茄條（見174頁）	改變形狀口感味道
		含茄子（丁）的乾豆蔬菜湯	搭便車

column

蔬菜種類	理 由	煮 法	口 感
秋 葵	討 厭	清蒸、涼拌、蒜炒	口感黏滑
	接 受	咖哩秋葵	切小丁，改變口感，且多了咖哩香
	喜 歡	含秋葵（切丁）的乾豆蔬菜湯	搭便車
絲 瓜	討 厭	蒜炒	口感黏滑
	接 受	只喝炒出的湯汁	很清甜且吃不到絲瓜
	喜 歡	還在尋找中	
苦 瓜	討厭	切太厚	苦味太明顯
	接 受	切細薄片、煮軟些	
	喜 歡	只要加進蛋液都愛	

part3

以下實用技巧，則提供你一些讓蔬菜變身的思考方向：

1. 善用馬芬烤盤／烤杯

這是小朋友很難拒絕的食物形狀。任何可以磨泥刨絲切丁的蔬果，都可以利用蛋液、起司、奶類等小朋友可以輕易接受的承載食材，做成馬芬形狀。例如咖哩蝦杯（見246頁）、芝麻菜番茄蛋塔（見240頁）、甜菜葉藜麥塔（見250頁）、櫛瓜鮭魚鹹派（見248頁）。

2. 適合混進蔬菜或提高營養價值的完美變身菜

*海苔蛋捲（見134頁）：可加進營養酵母、種籽、海苔、切碎青蔬（菠菜、美國甘藍、紅蘿蔔葉、白蘿蔔葉）、香草，或拌進青醬。

*番茄炒蛋：加進洋蔥丁、韭菜末。

*可麗餅：將蔬菜（例如菠菜、紅蘿蔔）打進麵糊裡。

*時蔬烘（或煎）蛋：各種根蔬葉菜，只要能刨絲切碎，小朋友很難挑出來的，都行。

*煎餅：例如櫛瓜煎餅（見176頁）、中式胡瓜煎餅、韓式泡菜煎餅。常用食材：櫛瓜、胡瓜、紅蘿蔔、洋蔥、地瓜、南瓜、葉菜。應用原則如上。

*烘焙糕點：例如櫛瓜馬芬、紅蘿蔔蘋果馬芬、南（地）瓜麵包，能刨絲磨泥的蔬果都行。

*西式湯品：濃湯如南瓜湯（南瓜、紅蘿蔔、洋蔥、蒜苗、蘋果）、青豆仁湯（青豆仁、洋蔥）、綠蘆筍湯（綠蘆筍、洋蔥）；基本款扁豆湯（見274頁）或任何西式雜蔬湯（任何根莖葉時蔬）。

*一鍋煮：我常在冬天將菜蔬魚肉煮成一鍋（類似火鍋），用味噌或芝麻醬調味，有時也加進穀物，是方便又好吃的一鍋煮。因為滋味太豐富鮮美，很難不讓人一口接一口吃下去。

*義大利麵肉醬：加進洋蔥、芹菜、紅蘿蔔、磨菇。

*小黃瓜／櫛瓜捲：將瓜類刨成薄片，捲進起司等各種小朋友能接受的抹醬。

*生菜捲：讓孩子願意吃生菜的最好辦法，就是拿它來夾喜歡的肉。例如煎烤肉片、照燒雞腿、泡菜炒肉片（見202頁）等。

總之，媽媽辛苦了！但無論如何眼光要放遠，不能只看在眼前孩子多吃的那幾口；夾帶走私雖有立即功效，卻無法去除孩子對討厭蔬菜的戒慎恐懼；只有先斬後奏（有條件地走私），並持續讓孩子嚐試，終究以熟悉、習慣來取代走私，改變孩子對食物的觀感，進而讓他願意吃、喜歡吃，才是培養孩子良好飲食習慣和擇食能力的根本辦法。當然，這一切發生之前，得孩子願意吃那第一口才行。如果你還沒有為孩子建立「試一口」的飲食常規，趕快去做！

part3

Meat,
poultry & seafood

3-3　肉品海鮮

魚和肉，是方便易得的完全蛋白質，但它
們的飼養方式和來源，決定了它們的品
質，也影響我們的身心。善待動物，等
於善待身體；友善海洋，才能永享鮮漁，
已成現代飲食不容忽視的鐵律。

Citrus honey chicken wings

橙香蜜汁烤雞翅

雞翅小而易煮，很適合當週間晚餐主菜，也適合裝進午餐盒裡。這個配方微酸微甜中帶著橙香，喜歡酸一點的，可將偏甜的巴沙米克醋改成黑醋或其他喜歡的醋；也可省去醋酸，直接把柳橙味改成咖哩味。

家有嬰幼兒
For the babies

這雞翅大小，很適合8個月以上貝比直接拿在手上吸食。豆豆有一張自己啃肋排的照片，就是8個月大時拍的。如果怕調味過重，可以用開水沖洗過雞翅，再給寶寶吃。

廚事筆記
Kitchen notes

用烤箱是因為可以不用顧爐而同時準備其他菜色，但直接在爐台上燒，最後把汁收乾，當然也行。

食材（3-4人份）

- ☐ 兩節雞翅6隻（約800克），自骨節處切開成12塊
- ☐ 薑末1小匙
- ☐ 蒜末2瓣
- ☐ 醬油2大匙
- ☐ 蜂蜜1小匙，嗜甜者可酌加
- ☐ 現磨有機柳橙皮屑1小匙（約小半顆）
- ☐ 海鹽1/2小匙
- ☐ 巴沙米克醋（或黑醋）2大匙
- ☐ 現磨胡椒適量
- ☐ 鮮辣椒，少許（可免）
- ☐ 香菜適量

作法

1 將雞翅以外的所有食材放進大碗中，攪勻，放入雞翅醃至少半小時入味。

2 烤箱預熱到200度C（400度F）。將雞翅單層排在烤盤上，淋上碗底醬汁，進烤箱烤20分鐘，翻面再烤10分鐘即可。如果喜歡表皮焦一點，可開上火（broil）烘個2分鐘再取出。食用前拿出小朋友要吃的份量，剩餘排盤後撒進辣椒末和香菜末。盤底汁液另外盛進小缽，當沾（淋）醬用。

Kimchi and pork loin stirfry

泡菜炒肉片

家有嬰幼兒
For the babies

雖然泡菜營養價值極高，它的辛辣讓小貝比腸胃頂不住。倒是只酸不辣的德國酸白菜，我覺得吃一點無所謂，寶寶反正咬不斷嚼不爛，但光是吸食酸菜汁（怕太鹹可加點水稀釋），就可吃進不少益生菌；打成泥混進其他副食，既是很好的營養補給，也拓展寶寶的味覺經驗。

廚事筆記
Kitchen notes

（1）可將里肌肉放置冷凍庫至少兩小時或過夜再半解凍，比較好切片。

（2）家有不嗜辣或要餵養小孩者，可將泡菜量減半，或將洋蔥量加倍。

（3）泡菜已有鹹度，通常不需另加鹽。

生食泡菜固然是確保擷取其酵素和益生菌的最佳方法，但它經時間催化，天然發酵熟成的滋味，味鮮而有層次，也很適合拿來入菜、調味。這道菜其實是我先生的傑作，備料簡單，不刁難廚技，幾分鐘就可上桌；而且好吃下飯，很適合當便當菜。我建議用吃到後期比較酸的泡菜來做，更夠味！

食材

- ☐ 大型洋蔥1/4 顆
- ☐ 里肌肉（pork loin，帶點小油花者為佳）200克，切薄片
- ☐ 韓式泡菜1碗
- ☐ 蒜末2瓣
- ☐ 蔥1枝，斜切小段
- ☐ 放牧豬油或初榨橄欖油1大匙

作法

1 以中大火預熱炒菜鍋，入1大匙油炒香蒜末後，加進洋蔥炒至半軟。

2 轉大火，續入里肌肉翻炒到肉變色。再入泡菜，拌炒到溫熱，約1分鐘。

3 起鍋前加進蔥段，拌炒兩下即可。

Kelp and pork rib stew

海帶根蔬燒小排

家有嬰幼兒
For the babies

可以取出少許紅、白蘿蔔,切成適口大小另外煮爛,給不同副食階段的嬰兒食用;排骨肉去骨後,可依貝比年紀和餵食狀況,磨成泥或切小塊給他吃,怕太鹹就用開水沖過。牛蒡纖維較粗,寶寶反正咬不斷,可沖過水後切成長條讓他吸食,練習抓握。

無法決定或想不出要煮什麼的冬日晚餐,我常會煮這一道日式燉煮。雞腿、排骨或豆腐,有什麼用什麼,其他根蔬或乾貨多是常備食材,是一道不用花腦筋且銷路肯定好的家常菜,也適合帶便當。

食材(4-6人份)

- ☐ 豬小排1斤(600克)
- ☐ 牛蒡250克,切滾刀塊
- ☐ 美式中型紅蘿蔔2條(約250克),切滾刀塊
- ☐ 細長大根蘿蔔(daikon radish)1/2條(250克),切圓或半圓形
- ☐ 昆布1片(約20x10公分),剪成2x2公分方塊
- ☐ 乾香菇6大朵(或8小朵),切成適口大小
- ☐ 蒜末2-3瓣
- ☐ 薑4片,切碎(約2大匙薑末)
- ☐ 蔥1根,斜切小段
- ☐ 特級初榨橄欖油1大匙
- ☐ 浸泡海帶和香菇的水1&1/4杯

調味

- ☐ 醬油3大匙
- ☐ 天然純味醂1大匙
- ☐ 海鹽1/2小匙

作法

1　用過濾水將香菇和剪成塊的海帶泡軟,保留浸泡水,香菇切適口大小;排骨余燙後,洗淨瀝乾備用。

2　以中大火預熱炒菜鍋,入一大匙油炒香蒜末、薑末。續入香菇翻炒至出味,加紅、白蘿蔔、牛蒡和昆布,注入海帶香菇水,以醬油、味醂、海鹽調味,加蓋煮滾後轉小火燉煮約半小時,至汁液收乾、小排軟化為止,調整鹹淡後起鍋。

Spice-rubbed pork tenderloin

香料烤里肌

家有嬰幼兒
For the babies

切出1小塊炙烤豬肉，切除表層香料後，加點水或大骨湯繼續烹煮至全熟軟爛。8個月以下嬰兒可以磨成肉泥來餵食，再大一點的貝比則可切成如青豆仁大小的丁狀，讓他自己吃。

食材事典
About the Ingredients

國人習慣吃全熟豬肉，對西餐裡常見的粉嫩豬排、豬里肌，通常敬謝不敏。其實牛豬等紅肉，只要烹煮時達到最低要求溫度，就和吃半熟蛋黃一樣，安全無虞。依美國農業部建議，牛豬排、牛豬里肌或牛豬燉肉塊（roast），只要烹煮後內部（最厚處）溫度達到63度C（145度F），即使切面看起來仍粉紅，細菌已無法生存；絞肉的最低烹煮溫度是71度C（160度F）。這食譜建議60-63度C（140-145度F）間取出，主要是因肉條自烤箱取出靜置時，溫度會繼續上升，因此「靜置」這一步不能省，既讓肉汁回流肉質鮮嫩，也確保食用安全。何況要享受完全無筋無肌、全豬上下質地最嫩的里肌肉排，非得半生熟才行哪。

這個炙烤里肌的關鍵在於使用鑄鐵鍋。從 The Kitchn（字沒拼錯，就叫這名）網站發現這個妙方之前，我都是將裹覆香料的里肌肉在爐台上四面煎黃後，才進烤箱，惹得滿室油煙。將鑄鐵鍋直接進烤箱預熱再下肉，不只省去爐台上緊盯油煎的時間和力氣、少了油煙，還因鑄鐵鍋的強效貯熱功能，縮短了烘烤時間，一舉數得，週間晚餐也能從容完成這道主菜。

食材

- 小里肌肉（pork tenderloin）1整條（453-680克）
- 中東混合香料（za'atar，作法見209頁）
  或喜歡的香料（五香粉、咖哩粉、北非香料，或烤肉專用粉 poultry rub等）2大匙
- 海鹽適量（若有需要才加。za'atar香料裡已有鹽，不需另加）
- 耐高溫的油（我用豬油）1大匙

＊若不使用香料，只用海鹽胡椒也行。

作法

1　烤箱設定在230度C（450度F）。將10吋以上的鑄鐵鍋放進烤箱裡預熱20分鐘，就算達溫鬧鈴提前響起，仍請繼續加熱。

2　小心以防熱手套拿出鑄鐵鍋，加進1大匙油，以雙手轉鍋確定油脂分佈均勻。用人字夾夾進里肌肉，如果鍋面不夠大而必須讓肉條轉個彎也無妨。鐵鍋重進烤箱烤10分鐘。

3　戴回手套，小心取出鐵鍋，用夾子將肉翻面；烤箱溫度調降至200度C（400度F），再烤10-15分鐘，待肉條最厚處以溫度計測得60-63度C（140-145度F），就可取出放置木頭砧板上，用錫箔紙覆蓋（不需包緊）靜置10分鐘，讓肉汁回流。此時肉條還在烹煮，溫度還會繼續上升。照片裡這塊里肌條重617克（1.36磅），降溫400度後烤10分鐘取出，即達到我認為理想的7、8分熟。請依肉條大小微調烘烤時間。

舉凡混合香料，在一地區多種飲食文化流傳後，很容易出現多樣性。za'atar 也是，有些不見得用鹽膚木果粉，有的則多加了孜然；以色列人用的香料組合可能和黎巴嫩人用的不一樣。就算同一組合，你家和我家用的食材比例，可能不同。這裡只是我用的組合，你大可依喜好調整比例，多一個或少一個香料也無妨。

中東香料 Za'atar

食材

- ☐ 鹽膚木果粉（sumac，帶有檸檬酸香的中東香料）2大匙
- ☐ 奧勒岡葉 2大匙
- ☐ 檸檬百里香（我用自種新鮮品烤乾後切碎）
  或一般百里香 2大匙
- ☐ 烤過白芝麻1大匙
- ☐ 片狀海鹽（Flaky sea salt）2小匙或粗海鹽1小匙

作法

將以上食材均勻混合後裝入有蓋的乾淨容器，放冰箱可保存數月。

Slow-braised beef brisket

慢煨牛腩

因為在地草飼牛肉價格不菲，我家以前不常吃牛肉，直到幾年前發現烤箱煨煮的美妙省力後，週六上市集總不免要買一兩款相對平價，極適合慢煨的老韌筋肉。吃法中西不拘，這裡算西式，配飯或切塊後用生菜包夾著吃，都好。

食材（6-8人份）

- 牛腩（brisket，兩整塊）或
  帶骨整根牛小排（short ribs）6-8隻（約1.6公斤）
- 中型洋蔥2顆，切塊
- 紅蘿蔔1根（或美式細長形4根），斜切大塊
- 小型有機甜蘋果1顆（如gala或富士），磨泥或切細丁
- 番茄（例如roma）1顆，切大塊
- 蒜頭5-6瓣，拍扁
- 紅酒（或日本清酒）1杯
- 雞高湯（或水）1杯
- 番茄糊2杯（或罐頭1罐）
- 月桂葉2-3葉
- 天然發酵醬油2大匙（更添鮮味）
- 新鮮迷迭香3-4枝（可免，但加了會有幽微的清香）
- 海鹽和現磨胡椒適量
- 特級初榨橄欖油1大匙

作法

1 烤箱預熱到162度C（325度F）。取一足夠容納肉塊的鑄鐵深鍋（我用27公分尺寸），中火預熱，加進一大匙油，將洗淨拭乾、撒上海鹽和胡椒的肉塊四面煎上色，取出備用。

2 以鍋內煎出的油脂炒香蒜末，再加入洋蔥和番茄炒至微軟。注入紅酒，把沾黏在鍋底的肉末鏟鬆（deglaze清鍋）後，肉塊回鍋，磨進蘋果泥，以醬油、海鹽和現磨胡椒調味，再丟兩片月桂葉和迷迭香（若有用）進去，續入番茄糊和高湯（或水），確定汁水淹至肉身7分滿。加蓋煮開後，試味道，目標是有鹹味但還沒到味。

3 整鍋加蓋進烤箱中層慢煨，約3-4小時（視肉部位和大小而定）。2小時後，查鍋翻肉；若中途要出門，不查不翻不試也無妨，所有甜鹹酸鮮終將圓融冶於一爐，雖不中亦不遠矣。起鍋前約半小時加進紅蘿蔔，這時洋蔥番茄多半已煮溶入汁，汁液減半，但起鍋時紅蘿蔔仍會維持全形；調整鹹淡，待肉身煮到喜歡的軟爛程度即可。

家有嬰幼兒
For the babies

因為肉已非常軟爛，只要去除肉筋，切成適口大小，若覺太鹹就先過水，就可讓10個月以上嬰兒自己抓取餵食。

廚事筆記
Kitchen notes

當天沒吃完的肉，可撈出加點汁液冷凍，剩餘醬汁隔天去除浮油他用後，加進洋蔥丁和絞肉，加碼做成肉醬，搭配義大利麵或中式半全麥蘭州拉麵（見260頁）都行。稍微變動一下食材，拿掉紅酒、番茄糊、香草和高湯，多注入點水或米酒，加進蔥薑，丟一兩根肉桂枝、幾枚八角和辣椒，就是中式口味，剩餘濃汁加水稀釋，就成牛肉麵湯底。無論中西風，起碼一鍋兩吃；若用整根牛小排，吃剩的大骨還能熬高湯，是好吃又划算的一鍋煮料理。

Moroccan style lamb stew

摩洛哥風味燉羊肉

家有嬰幼兒
For the babies

取出少許紅蘿蔔和南瓜煮軟，拿一點未調味的谷司谷司，或兩者混合，加奶水打成糊，適合給6個月以上貝比食用；8個月以上嬰兒，可加食切小丁的燉羊肉，若怕太鹹，就用開水沖過。

廚事筆記
Kitchen notes

（1）燉肉滋味愈陳愈香。等吃到剩鍋底的稠汁時，下一把義大利麵或搭配棍棒麵包、口袋餅，正好把一鍋精華吸乾抹淨。

（2）全麥谷司谷司作法（穀水比例1：1.5）：鍋中注入1.5杯過濾水，加蓋煮開，倒入1杯（3人份）谷司谷司，熄火。視穀粒大小，加蓋燜12-15分鐘即可。食用前以叉子攪鬆穀粒，以2小匙特級初榨橄欖油、一點檸檬汁和海鹽調味；拌進香菜末，丟一小把松子進去，更香。

去年夏天遊巴黎時，友人家附近有個市集，裡頭匯集了生鮮農漁產和各國特色美食，用餐時間市場裡熙來攘往。我一眼就被高過肩頭的食檯上，比比相連的巨大塔吉鍋和空氣中彌漫的濃郁香氣所吸引。摩洛哥食坊前的人龍，讓旅人格外期待。那一餐之後，我的爐灶間偶爾也飄浮著屬於沙漠的，帶點吉普賽想像的，北非氣息。香料慢燉甜肉是常見的摩洛哥料理，因不嗜甜，我的改良食譜用極少量果乾，只帶出點果香，不算道地，但甜鹹酸香各滋味的融合平衡，比大辣辣的甜膩，對我更有吸引力，也更合吃慣鹹燉肉的華人脾胃吧。

食材（6-8人份）

- ☐ 洋茴香籽（anise seeds）1小匙
- ☐ 芫荽粉（coriander powder）2小匙
- ☐ 孜然粉（cumin powder）3小匙（即1大匙）
- ☐ 番紅花絲（saffron thread）1/4小匙
  （以一點水泡出色。若不易取得可免）
- ☐ 海鹽1/2小匙
- ☐ 現磨胡椒10-12轉，或適量
- ☐ 羊肉塊（lamb stew 或羊肩肉）
  960克（2英磅），切適口大小
- ☐ 南瓜1/4顆（240克，或等量中型地瓜1條），
  切適口大小
- ☐ 大型洋蔥1顆，切丁
- ☐ 細長紅蘿蔔2-3根（或台式1根），切小塊
- ☐ 蒜末4瓣
- ☐ 薑1吋，磨末（約1大匙）
- ☐ 肉桂棒1根
- ☐ 杏桃乾（dried apricot）手抓1小把（30克）
- ☐ 泡軟後切丁蜜棗（medjool date）2顆
  （或等量去核李子乾pitted prune），去核切小丁
- ☐ 番茄糊1杯
- ☐ 高湯2杯
- ☐ 海鹽，適量
- ☐ 小型檸檬，1/2個＋額外放盤中
- ☐ 生辣椒，食用前撒上（可免）
- ☐ 特級初榨橄欖油2大匙
- ☐ 香菜或巴西里1小撮，切末

作法

1. 取一個大碗，將羊肉塊、洋茴香籽、芫荽粉、孜然粉、海鹽和現磨胡椒拌勻，放個10來分鐘，稍醃入味。

2. 取一夠寬大的鑄鐵鍋或深鍋，以中大火將羊肉塊分2-3批，讓兩面煎上色。起鍋備用。

3. 同一鍋中加進1大匙油，炒香蒜末薑末。續入洋蔥丁（有需要可酌加油），加點海鹽加速軟化，炒至半熟。倒入浸泡過的番紅花絲和水，回添羊肉和肉汁，下紅蘿蔔、南瓜（或地瓜）、番茄糊、高湯、肉桂棒、杏桃乾和蜜棗。攪拌後煮開，轉小火，加蓋慢燉約1小時，或至羊肉軟嫩，以海鹽調味，試鹹淡。

4. 這時的燉肉，對我來說，很甜，檸檬汁不可少。請依個人嗜甜度，擠進適量檸檬汁，再煮個5分鐘即可。食用前撒點香菜或巴西里末，搭配全麥谷司谷司（作法見「廚事筆記」），非常下飯。大人盤裡再添點鮮辣椒或乾椒末，吃來更過癮。

Greek style roasted lamb ribs

希臘風味烤羊排

家有嬰幼兒
For the babies

100％食草的放牧羊肉和牛肉，不只是優質蛋白質來源，富含維他命B群、鋅和鐵質，能補充6個月以後貝比體內和媽媽母奶裡日減的鐵儲存量，還含有比一般慣行農法飼養肉品高甚多的omega-3必需脂肪酸，當然可以給貝比吃。這羊肋排肉量不多，但以貝比的食量來說已很充足。可以打成泥餵食6個月以上貝比，也可整根連骨給8個月以上嬰兒自己啃食，或切小丁餵食。

我怕吃羊肉怕了一輩子。直到這幾年，實在是吃膩了其他肉品，也希望豆豆有機會多攝取一種肉類蛋白質，才在我先生鼓勵下開始學吃在地草飼羊。雖然100％草飼放牧羊的肉質，比一般超市賣的溫和清鮮，剛開始我仍克服不了心理障礙，半推半就，直到一回買到前一天剛宰殺的鮮羊，那嚼在齒頰間的鮮草清香和爽口不膩的香脂，一舉消弭了我對吃羊肉的恐懼。如果早過不惑之齡的味蕾能重新訓練，那品味人生才剛起步的孩子，可塑性就更強了，不是嗎？

食材

- 羊肋排（lamb ribs）1副
- 中型洋蔥1/2顆，切丁
- 蒜末3-4瓣
- 檸檬1/2顆
- 檸檬百里香、新鮮奧勒岡葉各數株，去梗切碎
- 海鹽和現磨胡椒適量

作法

1. 烤箱預熱到190度C（375度F）。取一個可容納整副羊排的長形烤盤，盤底鋪上一半洋蔥丁。將羊肋排洗淨拭乾，兩面豪邁地撒上海鹽和胡椒，再抹上切碎的香草，然後鋪在洋蔥丁上，再把另一半洋蔥丁撒上，然後擠上檸檬汁（最後會溶進盤底汁液裡，肉不會酸）。用錫箔紙加蓋，視肋排大小，進烤箱烤45-60分鐘，或至肋排軟嫩。

2. 掀開紙蓋，加烤個5分鐘，讓表面金黃上色即可。肋排盛盤後，將烤落盤底的油脂連同香草洋蔥盛小缽，搭配肋排食用。喜歡的話，再佐搭一點希臘原味優格，風味更佳。

Pan-seared paprika prawns

香煎海蝦

這道蝦食譜，是我從美國飲食作家麥可·波倫的媽媽姐妹們合著的食譜書「波倫家庭餐桌」（The Pollan Family Table）裡學來的，但我稍微變動食材、簡化作法。匈牙利辣椒粉的幽微煙燻味，加上鑄鐵鍋煎出的焦香味，讓海蝦吃起來有點燒烤風味。我的身體對酥（奶）油的承受量不高，意思意思過過癮，喜歡酥（奶）油的人大可完全用它來做這道。

食材（3-4 人份）

- □ 海撈大蝦 440 克（16-20 隻）
- □ 麵粉 1 小匙
- □ 匈牙利辣椒粉（paprika）2 小匙
  （有點煙燻味，不辣，小朋友也能吃）
- □ 海鹽適量
- □ 現磨胡椒適量
- □ 特級初榨橄欖油 1-2 大匙

淋醬

- □ 紫洋蔥丁（或紅蔥頭），1/4 杯
- □ 蒜末 2 顆
- □ 酸子（caper）1 小匙
- □ 印度傳統酥油（ghee，或奶油）2 大匙
- □ 白酒 1/2 杯
- □ 扁葉巴西里數株

作法

1　大蝦去殼，保留最後一節殼和蝦尾。在蝦背上劃一深刀，但不切斷，使肉身剖開成蝴蝶狀；以刀尖或牙籤去腸泥，以小水柱沖淨，再用紙巾擦乾。

2　大蝦混上麵粉、匈牙利辣椒粉、少許海鹽和現磨胡椒，拌勻，確定每隻蝦正反裡外都裹上香料粉。

3　以中火預熱10吋鑄鐵平底鍋，加進2小匙橄欖油。用筷子或夾子將一半海蝦逐一放進鍋內，內面貼鍋、尾巴朝上，煎個2-3分鐘，至金黃微焦，翻面再煎1-2分鐘。特別注意捲曲的蝦子每一面都要煎到。煎好海蝦盛盤，放低溫烤箱中保溫。重覆以上步驟煎剩餘蝦子，如有需要可酌量加油。

4　同一鍋內加進2大匙印度酥油（或奶油）。這時鐵鍋很熱，轉小火讓油融化，加進蒜末、洋蔥丁炒至金黃；續入酸子、白酒，火勢調大到中火，收汁。待醬汁減至一半，就試鹹淡決定加多少海鹽（酸子很鹹），喜歡的話再磨點胡椒。等醬汁再稠化些，就可離火。

5　食用前將醬汁淋在蝦上，撒上巴西里碎。

家有嬰幼兒
For the babies

醃蝦之前，取出1隻備用，不調味，在鍋邊留空間煎它，儘量不要與其他蝦混味。確定全熟就先起鍋，切小丁後可以給10個月以上嬰兒自己餵食。

Coriander and lemongrass shrimp

芫荽香茅蝦

約莫4月下旬5月初，也就是海鮮車新季開市沒多久，在地蘆筍也跟著上市。睽違了近半年的現撈海味，佐搭青翠的嫩綠蘆筍，一紅一綠，吃在嘴裡，喜在心裡。這一道本來是極家常的薑蒜炒海蝦，配什麼蔬菜都行，只是因應「新」食材上市，想來點新意而加了南洋風的香草香料，果然一新味蕾啊。

食材（**3-4 人份**）

- ☐ 中型海蝦20隻（去殼去腸泥）約350克
- ☐ 綠蘆筍120克（7-8粗根，15細根），斜切成段
- ☐ 雪豆120克，撿去頭尾
- ☐ 紅蘿蔔少許（配色用），斜切薄片
- ☐ 蒜末1瓣
- ☐ 薑末1小匙
- ☐ 香菜數株，切小段
- ☐ 特級初榨橄欖油2大匙

醃蝦料

- ☐ 蒜末1顆
- ☐ 香茅1枝（去除上兩層硬皮，取前段嫩白處，約15公分長），剁碎約2大匙
- ☐ 芫荽粉（coriander powder）1小匙
- ☐ 現擠萊姆汁1大匙
- ☐ 魚露1大匙
- ☐ 現磨胡椒適量

作法

1. 海蝦去殼去腸泥，沖洗乾淨後拭乾，加入醃料食材，醃半小時。

2. 以中大火預熱不沾炒鍋，入1大匙油，將海蝦（醃料留著）煎至兩面變色半熟，起鍋備用。

3. 同鍋再入1大匙油，炒香蒜末薑末。續入紅蘿蔔片，拌炒約20秒，加進綠蘆筍和雪豆，炒到雪豆顏色轉深（即煮透）後，回加海蝦和醃蝦料，翻炒到蝦熟透，起鍋前試鹹淡，拌進香菜段即可。

家有嬰幼兒
For the babies

切段或整根的綠蘆筍或雪豆不調味煮軟些，很適合8個月以上的嬰兒直接抓握咬食。海撈大蝦肉質很有彈性，醃料前取出一隻另煮熟，可以給6個月以上貝比吸吮、純品嚐，或打成泥加入粥裡食用。

Roasted mackerel with ginger soy sauce

醬漬鯖魚燒

鯖魚是友善海洋的漁種，營養豐富，omega-3脂肪酸含量極高，平價易取得又好吃好煮，是我家很喜歡的家常料理。也因它富含油脂，烤的會比煎的來得爽口；通常烤完魚擠上青檸汁就很好吃了。但偶爾來點變化，浸了微甜和風醬汁的鯖魚，加些檸檬汁提味，很下飯。我讓豆豆帶過一次便當後，他就常常來要。搭配一點醋漬根蔬一起食用，更清爽不膩口。

家有嬰幼兒
For the babies

取出少部分未加醬汁的烤鯖魚，用乾淨的手揉搓魚肉，確定沒有魚刺後，加奶水打成泥，給6個月以上貝比吃，或者直接剝小丁給稍大嬰兒自己餵食，也可加在粥裡。給周歲以後的幼兒食用，則加淋幾滴醬汁。

食材（3-4人份）

☐　去骨鯖魚2片（1條）
☐　蔥1根，切細絲（白、綠分開）
☐　薑4片，切細絲
☐　檸檬數舟

調味

☐　特級初榨橄欖油1大匙
☐　醬油2大匙
☐　日本清酒1/4 杯
☐　天然發酵純味醂1大匙
☐　天然發酵玄米醋1大匙

作法

1　鯖魚洗淨擦乾後，每片斜切成4小片。

2　烤箱預熱到190度C（375度F）。鯖魚片皮面朝上，不需任何調味，進烤箱烤到金黃出油，約15-17分鐘。

3　烤魚同時，以中火預熱小醬汁鍋，加進1大匙油，炒香蔥白和薑絲。續入醬油、清酒、味醂和玄米醋，煮滾後轉小火，再煮2-3分鐘去酒精味，離火。

4　烤好的鯖魚塊盛盤，淋上蔥薑醬汁。食用前擠進檸檬汁（去腥提味，建議不要省）。

Basil and cherry tomato squid

羅勒番茄中卷

這是一道頗能展現義大利菜簡單而滋味豐饒的菜餚。其實就是蒜炒中卷的意思，但換了義式食材組合，倒讓人遙想起地中海了。去不去得了是一回事，無論如何最後都請煮上一把義大利麵，好把滿盤鮮味的醬汁吃乾抹淨！

食材（3人份）

- ☐ 中卷（透抽）1隻 350克
- ☐ 小番茄16顆，對切
- ☐ 中型洋蔥1/2顆，切丁
- ☐ 蒜末2瓣
- ☐ 羅勒葉1小把
- ☐ 特級初榨橄欖油適量
- ☐ 海鹽和現磨胡椒適量

作法

1　中卷洗淨去除內臟後，撕去外皮，切成1公分寬圓圈；頭鬚部分自眼睛以下切除，其餘保留，切成適口大小。

2　平底鍋內加進1大匙初榨橄欖油，以中大火炒香蒜末，加入洋蔥丁炒至稍軟，續入番茄。等番茄開始出汁後，加入中卷圈，開大火翻炒到中卷變色即可，以海鹽和現磨胡椒調味，起鍋前拌進羅勒葉，再淋點初榨橄欖油，就可盛盤了。喜歡的話，可現磨一點帕馬吉亞諾‧瑞吉亞諾（Parmigiano reggiano）起司，鮮味更香濃。

家有嬰幼兒
For the babies

可以取出煮好的中卷圈，過熱水沖掉鹽分後，給8個月以下嬰兒吸吮，純粹品味，不吃進去無妨；10個月以上貝比，可將中捲切成青豆仁般大小，讓他自己餵食。

Roasted salmon with chimmichurri sauce

烤鮭魚佐阿根廷青醬

家有嬰幼兒
For the babies

餵食6個月以上嬰兒，要確定鮭魚烤至全熟，再從鮭魚排內部（調味較少）挖出一點魚肉，以乾淨的手揉搓確定沒有魚刺後，加點奶或水搗成泥來餵食；或撕成小塊，讓貝比自己練習餵食（可能大部分會吃到桌上地上）。青醬頗酸，但給貝比嚐一小口又何妨？準備欣賞他擠眉弄眼的逗趣表情吧！

廚事筆記
Kitchen notes

酸香是阿根廷青醬的靈魂，我喜歡用柑橘類來成就，也有人用醋來達成。若當沾醬用，食譜裡用1大匙檸檬汁對我剛好；若拿來當醃肉醬與肉同煮，建議再酸一些，更能提升肉味的清爽不膩。香草則可隨喜好選用，巴西里、香菜、奧勒岡葉最常見。

比起有堅果起司、滋味較濃重的義式青醬，阿根廷青醬的酸鮮，格外清新宜人。一般拿來佐食燒烤肉類、海鮮，也可當魚肉醃醬，有去油解膩之效。我有時拿它來拌全穀飯或麵，或稍稀釋後當沙拉醬，也無不可。小朋友通常不敢生吃芝麻菜，但它的辛辣味都被這個青醬裡的香草酸香消解了，是增加孩子對芝麻菜接受度的好媒介。

食材（4人份）

- 野生或永續飼養鮭魚排4片
- 蒜末2顆
- 特級初榨橄欖油少許
- 現磨紅椒粒（red pepper corn）適量（增香添色用，可免）

阿根廷風味青醬

- 嫩芝麻菜（baby arugula）2杯或手抓2大把
- 香草1把（粗切後約2杯）
- 薄荷5-6枝（去梗後約1/4杯）
- 蒜頭2瓣
- 特級初榨橄欖油（EVOO）1/2杯
- 萊姆（lime）或檸檬汁1-2大匙（視個人嗜酸程度決定）
- 海鹽1/2小匙
- 現磨胡椒適量

作法

1. 將所有醬汁食材放進食物調理機或打汁機中，打成泥狀。依喜好調整鹹淡酸度。

2. 烤箱預熱到200度C（400度F）。鮭魚排兩面撒上海鹽、現磨胡椒，皮朝上，進烤箱烤10-15分鐘。若喜歡表皮焦脆，可開上火烘脆1-2分鐘（要盯著！）

3. 餐盤上舖上1-2大匙青醬，疊上烤鮭魚排，搭配蒸煮的季節時蔬。剩餘青醬置冰箱可保存2-3週，放冷凍庫可保存更久。

Sea scallop with mashed peas

香煎干貝佐鮮磨青豆仁

家有嬰幼兒
For the babies

除了打成泥的青豆仁適合當首嚐副食之一，現在的貝比幾乎什麼都能吃了，只要確定沒過敏，干貝煮全熟，磨成泥或剝成適口大小，當然也可以品嚐海味。

從鮮豆莢剝下的青豆仁，是老天爺對春天的禮讚。慎重其事地拿它和十足鮮味但風味輕盈的干貝搭擋，既滿足了味蕾，也算不辜負這如過眼雲煙的季節時鮮了！

食材（4人份）

- ☐ 海撈大干貝（jumbo sea scallop）8顆
- ☐ 鮮剝（或冷凍）青豆仁 2 杯
- ☐ 薄荷葉，手抓1小把
- ☐ 巴西里葉，手抓1小把
- ☐ 現擠檸檬汁1大匙
- ☐ 海鹽1/4小匙
- ☐ 特級初榨橄欖油1大匙
- ☐ 現磨胡椒12轉，或適量
- ☐ 油煎干貝用油，適量

作法

1　加進剛好夠淹沒青豆仁的水量於小型醬汁鍋中，煮滾。加進青豆仁汆燙30秒即起鍋，才不會變黃塌陷；用過濾冷水沖過、瀝乾。

2　將青豆仁、薄荷葉和巴西里葉放進食物調理機中，以檸檬汁、海鹽、初榨橄欖油和胡椒調味，攪打到滑潤但還保有一點口感。視喜好調整鹹淡酸甜。現剝青豆仁清甜到不可思議，不嗜甜者可酌加檸檬汁。

3　以中大火預熱10吋不鏽鋼或鑄鐵平底鍋，入一層薄油。於干貝兩面撒上海鹽胡椒，入鍋炙煎，約2分鐘。別急著翻面，等干貝底部煎到金黃上色，就不會黏鍋。翻面再煎2分鐘，約5分熟；煎3分鐘，就是7分熟。

4　等煎干貝的同時，將青豆仁分盛4盤。食用前疊上煎好的干貝，搭配簡單的時令沙拉即可。

能量滿滿午餐盒

一個小餐盒，或方或圓，或冷或溫，
季節的顏色在方圓裡不停流轉。唯一不變的，
是源源不斷的滋味能量，和媽媽滿滿的愛。

因為豆豆學校規定幼稚園全天班孩子必須在校用餐，我等了兩年，直到他升小一，才如願天天幫他準備午餐盒。從一開始的手忙腳亂，到習慣成自然，不過兩三個禮拜光景，換來的安心和成就感，卻是無可言喻的。

和一般美國公立學校惡名昭彰，多半外包的「不營養」午餐（極多垃圾食品）相較，豆豆上的私校是少數聘有專任廚師，每日在學校廚房現製熱食午餐的學校。豆豆在校用餐那兩年，雖然偶有冷凍披薩和冷凍魚條，也不乏起司火腿、花生果醬三明治等速食餐點，但如各式湯品、墨西哥捲餅內餡、美式肉派（meatloaf）、起司通心粉、義大利麵醬汁、豆泥抹醬、烤鹹派、咖哩飯、莎莎醬等，校廚從零開始自製的比例極高。

豆豆開始帶便當後，學校午餐自製比例更提高到8成以上，冷凍披薩被自製（包括底皮和醬汁）半全麥披薩所取代，冷凍魚條換成烤鮮魚，所有白米麵製品被全穀類取代，連披薩上的加工起司都換成天然熟成起司。

這比多數美國家庭晚餐內容好太多了，連我這健康美食者都忍不住要豎起大拇指，為電話彼端替我詳細解析午餐內容的學校職員（和廚師）喝采！

那我幹嘛還堅持為豆豆家製便當呢？

如果你像我一樣把每日午餐菜單看仔細了，會發現，雖然天天有蔬果（冷凍加生鮮），比例並不高，種類尤其貧乏；起司仍是主要蛋白質來源，5天裡至少有3、4天是起司餐（典型美式兒童餐內容。我懷疑那是激發豆豆4歲時－－即開始吃學校午餐幾週後的氣喘發作之因，在此之前他的飲食幾乎沒有起司，此後更不宜吃了）；菜色重覆率相較於自家餐桌，當然也高。最重要的，我無從得知食材來源。

我承認，比起絕大部分豎兩根拇指的同校家長來說，我的標準是比較高，但不難理解。對一個擁有飲食自主權多年，相信安全鮮美食材是健康美味起點的人來說，看不到來源的食物，在保鮮（或說防腐）加工技術日新月異的工業化食品時代，是有值得憂慮之處。我無意抹煞學校的用心，畢竟在有限經費下去追求最大健康效益的努力，值得肯定。但認真計較，豆豆一年上學9個月，加上1個月夏令營，一週5天，10個月下來約有200餐是在學校吃的。累積下來的衝擊，遠比1個月頂多幾次的外食風險大得多！

何況我受夠了那兩年因為豆豆不吃乳製品而更加有限的午餐選擇（很多花生果醬三明治！後來因有人對花生過敏，連花生醬都沒得吃了！），以及因拒吃乏味無口感或早已厭倦的午餐蔬菜，讓他每天幾乎只靠晚餐來追補蔬菜。橫瞧豎看，家製午餐盒當然是最佳選擇。

我的便當菜原則很簡單，和家中平日飲食無異，以在地、當令的有機生鮮全食為主，搭配全穀主食、1款魚、肉或蔬食蛋白質，加上至少4樣蔬果（2+2或3+1）；沒有熊貓、不畫恐龍，但力求多樣化、多彩多滋、營養均衡，而且準備起來要不麻煩（那得靠事先計劃！），兼具東、西方口味。

因為美國學校不為家製便當加熱，豆豆的便當都是當天早上煮製，暖天就吃室溫冷食，冬天就吃以保溫盒盛裝的溫食。我從來不是早起鳥，為了在半小時內備妥早餐和午餐盒，事前計劃、準備因此很重要，我習慣與前一天晚餐一起規劃，菜色多半少不了前一天晚餐的內容。

豆豆本來就不是挑食的孩子，雖然剛開始帶便當時曾受到別人餐盒裡的包裝速食和糖果誘惑，回來吵過兩天也要帶「有紅色包裝紙的東西」（他連裡頭是什麼都講不清楚，沒吃過！），但知道媽媽不可能給他帶精製加工品後，很快就死心了。沒多久他就甜膩膩地對我說：「我每天都好驕傲的吃我的午餐哦！」。

這不代表我才剛起步的便當人生，一路平坦。對我來說，要做出配菜多元、營養均衡又美味的便當不難，但要和無力掌控的大環境抗衡，卻難免讓我有力不從心的挫敗感。

和其他孩子午餐盒裡的精製加工品競爭的階段，如蜻蜓點水，很快船過水無痕。但豆豆能不能順利把便當吃光，除了要考慮午餐時間點（還好是在戶外時間之後），及用餐時間是否充裕（學校餐廳小，他那班輪最後吃，有比較充裕的半小時）等因素來拿捏份量，剛開始最讓我頭痛，也是影響豆豆胃口的最大變數，是深植北美飲食文化，連學校都不例外的點心時間。

孩子吃得好不好，我認為，夠不夠餓，是最重要的關鍵。早上10點鐘的課堂點心時間，對晨起後總像餓狼般吞食大份量早餐的豆豆來說，完全沒有必要，但能與三五同學圍坐圓桌，一邊啃蘋果（還好偶有水果）、餅乾，一邊交換新近風靡的叢書、玩具或遊戲卡資訊，外向的他完全無法抗拒。

「你不餓幹嘛吃？去聊天就好了啊！」
「不行啦，老師規定，只有吃東西的人才能坐在點心桌上！」

他為了坐上桌，只好跟著吃點心。而當桌上出現鹽捲脆餅pretzel或小金魚餅乾等家裡吃不到的加工零嘴時，他當然也不放過解饞的機會。加上當時的豆豆剛從「玩一整天」的幼稚園生，摸索著成為「每天早上3小時依自己興趣、步調來學習」的小一生，還沒學會如何安排時間，更抗拒「一旦排定學習項目就要徹底執行」的課堂規則，10點鐘的點心時間，成了他逃避學習的喘息空間。每次看到沒吃完的餐盒，我就知道他那天又在教室裡吃了點心。學校點心吃什麼，我已學會不去計較。我在意的，是一個看起來立意良好，卻無意中加深孩子忽略正餐，再拼命吃零食來止飢的惡性循環。

據說學校提供晨間點心的原因，是因有些孩子沒吃早餐就去上學，撐不到午餐時間。但吃了10點鐘的點心，接下來（我這個偶爾義工媽媽）看到的，就是原封不動或剩餘大半的午餐盤（幼稚園部孩子午餐時間早，尤其如此）。到了3點半放學時，孩子又跟餓虎一樣地狂吃零食，然後不管家長再怎麼苦勸威逼，晚餐盤又被冷落一旁。等媽媽收拾好碗盤，孩子又開始另一回合的狂索零食；或者就算孩子沒要，怕孩子餓肚子上床的家長就主動提供睡前點心。

生長在北美洲的孩子,一天吃三五頓點心已成常態。點心內容是什麼?絕大多數是從紙盒、塑膠包裡掏出來的。這些孩子早上睡醒當然沒食慾,一方面肚子還沒淨空,一方面知道學校有點心等著他們,另一天的惡性循環於焉展開。

雖然豆豆不是生長於這樣的飲食習慣裡,卻無法自外於大環境的影響。我不能要求學校取消點心時間,只能看情況減少豆豆午餐盒的份量,或者塞一張紙條,提醒他把餐盒裡的水果生菜,當成放學後校內安親班點心(那又是另一個加工零食充斥的戰場!)。

還有,老天爺偶爾也會來扯後腿。當天氣太冷或下雨時,學校有時會取消午餐前的40分鐘戶外時間,孩子留在教室裡玩遊戲的熱量消耗極有限,我若疏於查天氣或判斷失準,那天的午餐盒多半也會有剩餘。再者,這個階段孩子都會有的,和同學邊玩邊聊天而忘了吃…。

我就這麼且戰且走,邊做邊調整地做完豆豆第一學年的午餐盒。還好,隨著他在課堂上的學習漸入狀況,點心帶給他的新鮮感和喘息功能,也日漸消失。大多數時候,當天時地利人和完美搭配時,帶回家的午餐盒都是見底的。就算偶爾無奈,或難免對少數倒掉的剩餘飯菜感到浪費揪心,當孩子吃得高興回來對我說:「媽咪,我覺得妳應該幫所有小朋友準備午餐盒!」或者當我問他學校午餐好不好吃,他很鎮定地告訴我:「學校的午餐很不錯呀,但我還是比較喜歡吃妳做的!」那一刻,我知道,我將更無怨無悔地為孩子煮製午餐盒。

我的午餐盒策略和要求

(1) 食材及配色多元

在事先計畫、時間允許情況下,儘量多元多彩多「滋」。顏色鮮豔的食材搭配,不只促進食慾,通常也是營養價值較高的組合。比例上,蔬

菜多於魚肉，也多於水果。

（2）注意食用時的口感和味道

注意食用時的口感和味道。例如要放在保溫盒的蔬菜，就不能煮到全熟或軟爛；烤、滷雞腿冷食無妨，但滷肉飯或肉燥麵，溫食比冷食好滋味。又如包夾肥油的三層肉或多油脂的帶骨小排，溫食噴香，冷食脂肪如嚼蠟，就不怎麼妙（這是豆豆的親口回報）。後來這類肉品若要冷食，我會先剔除肥油，或直接去骨切丁，吃起來口感就不同了。

（3）先讓孩子嘗試或適應菜色

以孩子本來就會吃的菜色為主（這點不用提醒大家都做得到），才不會因不吃而量不足，影響在校學習。若有開發新菜色，最好先在家庭餐桌上實驗，至少試過幾次，讓孩子知道或習慣新菜內容，再帶進午餐盒裡。

（4）趁機補足蔬菜量

蔬菜永遠不嫌多。絕大多數孩子（包括我家的），吃魚吃肉自動自發，吃菜卻難免要人催促提醒。他在學校用餐，你可使不上力。因此，能多加蔬菜而不影響口感味道的，就別客氣，尤其是那種一鍋燉滷、燴煮，或可加進包捲杯塔裡的菜色。

（5）確實讓孩子至少試一口

在衡量合理份量下，他不一定要吃光（因有上述其他影響變數），但規定每一樣都要吃；就算偶有平日不愛吃的菜色，仍堅持「吃一口」策略。有完全沒碰的，就要承擔後果，例如扣除

週末電視時間，或拿掉獎勵牌上的星星。有不愛吃卻吃完的，就追加星星。

大致流程

準備晚餐時，先預留一點洗好的蔬菜，隔天現煮；魚蝦海鮮烹煮時間（蒸、烤或煎）極短，也是前一晚備料調味，放保鮮盒裡，早上現煮。除非是用到肉絲、絞肉之類的菜色，肉類通常需要較長烹煮時間，可在煮晚餐時一併煮好，或煮7-8分熟（例如烤雞腿），第2天再加熱煮透。抹醬（除非是會氧化變色的酪梨）、醃漬涼拌菜最好也事先準備，至少把要用到的菜色先洗好。

睡前動作

寫下隔天早餐和便當菜單，確定會使用到的食材，集中放置冰箱一角。該事先浸泡的穀物，別忘記。便當新手最好把流程想像一遍，要用的器具先配置好，例如哪些菜要用電鍋蒸、哪些菜會用到平底鍋、小烤箱或醬汁鍋；若一鍋用到底，

哪個菜先下鍋…等，第2天才不會手忙腳亂。

午餐盒菜單的必備元素

主食

若是五穀雜糧，因為需事先浸泡且去除浸泡水，最好前一天煮好，隔天一早用蒸鍋溫熱；若是趕在睡前完成浸泡、換過水，那就可以直接將穀物放入電子鍋中，預約設定起床前煮好。若是小米、藜麥等20分鐘可煮就的小穀類，可浸泡過夜，隔天一早倒除浸泡水後烹煮；北非小米（即谷司谷司）或碎全麥（bulgur wheat）等已煮熟脫水的穀物，不需浸泡，隔天早上燒開熱水，放進穀物泡軟就行，約15-20分鐘。

(1) 全穀拌飯：可拌入好油（例如初榨椰油、特級初榨橄欖油、亞麻籽油、印度傳統酥油）、香草香料、超級食物（如海藻粉、螺旋藻粉、營養酵母、大豆卵磷脂或超級食物撒粉）和風味海鹽等來增色調味，提高營養價值。炒飯也是方便快速的好選擇。

(2) 包捲類：通常是暖天裡的冷食便當內容，例如全穀飯壽司、越式米捲、墨西哥捲餅等。這類菜色以季節時蔬為底，搭配肉、蛋、全黃豆製品（有機豆腐、天貝tempeh）或乾豆泥等蛋白質。別忘了還可利用各式全穀粉做成鹹味煎餅。

(3) 三明治／漢堡：以全穀麵包為主食，搭配自製抹醬，例如酪梨優格蛋抹醬、5分鐘懶人果醬（見146頁）、八角毛豆泥抹醬（見154頁）等。

(4) 麵食類：若是義大利麵，我習慣預留前一晚做好的醬汁／配料，或利用週末空檔時備妥青醬、紅醬、肉醬等放置凍箱，前一晚拿到冷藏解凍，早上現煮麵條拌入。若為亞洲風味麵食，我最喜歡用蕎麥麵拌各式滷汁。有時前一天當晚餐、隔天加熱的中式炒麵炒米粉，烹煮時提早取出部分，也是便當菜好選擇，還可儘量加進多元蔬菜。中式饅頭、歐包也很好利用，能自製最好。我試過甜度不高的全穀玉米糕（見284頁）、半全麥歐包，和半全麥黑糖饅頭，豆豆都很喜歡。含豐富全穀類的吐司或包子，當然也行。

蛋白質

(1) 魚肉海鮮：不管中西式，根蔬燉肉是便當的最佳拍檔，肉、菜都有了，通常來自前一天晚餐，隔天早上加熱。晚餐若吃箱烤肉類，可提早於7-8分熟時取出部分，早上用小烤箱烤熟；若是煎、烤魚類蝦貝，烹煮時間極短，我習慣準備晚餐時，該調味、醃醬的，處理好後預留一兩片，早上現烤現煎；薄薄的肉片肉排，也採同一方式準備。

(2) 起司：我家平日不吃起司，午餐盒裡自然也幾乎看不到起司菜色。一般兒童餐份量的起司球、起司條，或單片包裝的起司，都是過度加工食品，雖然帶便當很方便，我建議避免讓孩子食用（Why？見156頁）。若要以起司入菜，儘量選用來自草飼牛（100%grass-fed）或起碼是有機牛初步加工、天然熟成的起司。

(3) 放牧（土）雞蛋：是蔬食蛋白質最佳選擇，不

論煎、滷、炒、煮，或可添加蔬菜的蛋捲（見134頁）、烘蛋（frittata）或小蛋塔（見240頁），都是營養效率極高，大人小孩難以拒絕的美味，可多加利用。

(4) 全黃豆製品：如有機豆腐、發酵過的有機天貝（tempeh）和味噌，是我家主要吃煮的黃豆食品，偶爾也會出現在豆豆的午餐盒裡。我不主張以麩質製成的加工品如素雞、素魚、素肉等作為孩子（或任何家人）主要蛋白質來源，既缺乏關鍵協同營養素，也吃進無數化學添加劑。

(5) 堅果種籽：因為太多孩子對堅果過敏，豆豆學校禁帶任何堅果。如果你的孩子沒過敏，學校又允許，其實是很方便的餐盒選擇。若沒時間浸泡或烘烤來消解其中的反營養成分植酸，儘量買催過芽的市售品。豆豆午餐盒裡的種籽，多半以抹醬或青醬形式出現。

(6) 乾豆類：除了塗抹三明治的豆泥抹醬，最常出現在豆豆午餐盒裡的乾豆，是冬天保溫盒裡的西式雜蔬豆子湯。和中式清湯不同，這豆子湯裡滿是秋冬盛產的根蔬，滋味豐富又能飽足，搭配自製歐包，全家都愛喝，也是豆豆最喜歡的午餐盒之一，總是喝光抹盡。印度風蔬食咖哩，也是乾豆的理想用途。

季節時蔬

(1) 生菜捲：食材包括水煮蛋、蒸煮四季豆、生甜椒、紅蘿蔔、生（燙）菠菜、小黃瓜、生櫛瓜等。

(2) 沙拉／涼拌菜：利用好油（例如亞麻仁油、特級初榨橄欖油）、柑橙類或天然發酵醋做成的簡單油醋，是夏日午餐盒的麻吉。例如醋漬紅蘿蔔絲、蘋果酪梨丁沙拉，都是早晨刨切好蔬果，加入簡單油醋，功夫點再加些香草，調入海鹽胡椒，拌一拌或用手抓一抓就成了。

(3) 快炒類：幾乎所有蔬菜都可以在前一晚準備晚餐時洗淨、預留一些，隔天早上現炒。

(4) 烤根蔬：秋冬盛產的根莖塊蔬，例如甜菜根、馬鈴薯、地瓜、蕪菁、孢子甘藍、紅蘿蔔等，切丁烤過後滋味更濃縮，而且隔天重熱後不影響風味，很適合當便當菜。

甜菜根和地瓜的甜滋味，絕大多數孩子都會喜歡，可單獨烤（烤過甜菜根土澀味會消失）；其他根蔬可任意混搭，或選擇搭配甜菜根或地瓜任一種去烤。

(5) 一鍋燉煮：不管東西方口味，是加進多種季節時蔬最有效率的方法。例如咖哩、雜蔬豆子湯等。

湯湯水水

除了雜蔬豆子湯，冬天保溫餐盒裡，我常利用前一晚的日式火鍋高湯或中式雞湯，加進肉蔬、米飯雜糧，做成粥品。帶漢堡三明治或墨西哥捲餅時，也偶爾會搭配簡單的海帶味噌湯。

水果變奏曲

最方便又好吃的水果攝取方式，當然是趁鮮，原味食用。但稍微轉個彎，水果也可能成跳板，一石兩鳥地提高蔬菜攝取量。例如把水果加進沙拉（例如甜椒小黃瓜酪梨丁沙拉、甘藍西芹蘋果丁沙拉、甜菜根紅蘿蔔蘋果沙拉，見120頁）或涼拌菜裡，水果的甜酸和蔬菜丁很合搭，可名正言順又不需遮掩地為蔬菜提味。

葡萄乾、藍莓乾、櫻桃乾、杏桃乾等果乾，則可以和拌進蔬菜丁的谷司谷司、藜麥或碎全麥送作堆，只要調進簡單的油醋，孩子多半會願意嘗試。底線是：你試了，孩子就有機會多吃菜；不試，他肯定不會吃。可先在家庭餐桌試驗幾次，等孩子熟悉菜色，再放進午餐盒裡。

家製冷凍品

除了五穀雜糧麵包等主食類可事先煮製預存於冷凍庫，用馬芬烤盤（或矽膠烤杯）烹調的杯塔類，也是老少皆宜的點心和便當菜。我習慣多煮一點，當天沒吃完的放冷凍庫，遇到那種計畫趕不上變化的時日，例如剛好煮婦提不起勁做晚飯而決定外食，或朋友臨時打電話來叫吃飯時，就算當晚沒有預備便當菜，隔天總還能運用冷凍庫存糧，配上簡單蔬果，湊出像樣的午餐盒來。

甜點（這根本是個錯誤！）

剛開始準備午餐盒時，我很積極地開發菜單，連根本不是家中日常飲食的甜點，也不例外，主要是為了稍解豆豆看到別人餐盒裡餅乾甜食的飢渴。但試過迷你馬芬、能量棒和肉桂捲後，證實甜食（即使都是家製品）不適合放進豆豆的午餐盒裡。有哪個6歲孩子能擋得住甜點的誘惑？至少我家的辦不到！即使我耳提面命要他先吃完正餐，才能吃甜食，每次帶了甜點的午餐盒一定吃不完。我從他剩餘飯菜分佈的情形，就可以想像他隨便扒幾口後，忍不住先吃了甜點，然後味蕾很快滿足地無法回頭吃完剩餘飯菜。

我不想直接剝奪他吃甜點的樂趣（那也是一種同儕壓力！），總是告訴他沒好好吃便當的結果，就是接下來兩週不會有甜點。他滿口說了解，但試了4次，情況都沒改善，我終於覺悟了：期待一個6歲孩子在甜食之前發揮自制力，簡直天方夜譚，尤其是大人不在身邊的時候！既然我已給過孩子機會，也算對得起他了，從此午餐盒裡的甜食，只有水果，或頂多是三明治裡微甜的自製果醬。

那不表示他在家裡吃不到甜點了，我只是希望孩子還小、自制力仍不足時，可以在大人引導下，在適當的時機享受「非營養必需」、純粹滿足口慾的甜點。何況甜食裡的糖和蔬果的自然甜代謝率不同，是影響正餐胃口的負面因子，對大人也一樣，否則為什麼甜點都只在飯後登場？

以下列舉幾種午餐盒組合：

12 days yummy and nutritiously balanced lunchboxes

12天美味健康午餐組合

day01

1 慢煨牛小排
2 糙薏芢黑米炒飯
3 甜菜根紅蘿蔔蘋果沙拉
4 燈籠草果
5 夏莓2種

day02

1 日式牛蒡海菜蒟蒻燉煮
2 香煎雞胸排
3 蒜炒三色甘藍／香煎大傘菇櫛瓜
4 亞麻仁風味碎全麥飯
5 蘋果切片

day03

1 韭菜花炒豬肉配全穀飯
2 涼拌紫高麗菜紅蘿蔔
3 炒芹菜
4 小番茄和奇異果

day04

1 海蝦炒甜椒鮮菇紅蘿蔔，
  搭配五穀飯
2 蒜炒雪豆苗
3 水煮甜玉米
4 酪梨沙拉佐大麻籽＋奇亞籽
5 覆盆子

day05

1 滷肉醬拌蕎麥麵
2 炒菠菜嫩油菜
3 烤根蔬
4 富士蘋果

day06

1 烤豬肋排
2 涼拌甘藍豆腐海帶芽
3 炒青江菜
4 小甜椒
5 小番茄

column

day07

1 全麥三明治佐自製酪梨優格蛋抹醬
2 烤雞腿
3 越式四色蔬菜捲佐檸香蜂蜜薑汁醬
4 新鮮覆盆子、小番茄夾蔓越莓

day08

1 印式鷹嘴豆菠菜咖哩配糙米飯
2 紅蘿蔔和小黃瓜
3 漬橄欖
4 藍莓加小番茄

day09

1 烤阿拉斯加野生鮭魚
2 炒羽衣甘藍／瑞士甜菜
3 青醬玉米催芽藜麥炒飯
4 酪梨小番茄沙拉佐漢麻籽
5 西洋梨切片

day10

1 芝麻菜大麻籽青醬蕎麥鹹煎餅
2 時蘿雞胸肉炒三色蔬
3 芹菜炒油豆腐紅蘿蔔
4 草莓

day11

1 紅燒栗子蘿蔔雞腿
2 藜麥飯
3 炒美國甘藍
4 炒羅馬花椰菜
5 石榴子＋柳丁

day12

1 香料烤里肌肉全穀壽司
2 青花椰
3 小紅蘿蔔
4 覆盆子和鳳梨

Rolls, cups &
mini tarts

3-4　包捲杯塔類

「形式可以兒童化，但內容不打折」，是我認同的理想「兒童餐」。善用載具模具，製造食趣，讓孩子拒絕不了，是讓他們主動吃健康食物的保證。

Arugula and tomato custard

芝麻菜番茄蛋塔

家有嬰幼兒
For the babies

蛋液加了奶未調味前，可取出小部分蒸熟給6-8個月的貝比吃；混合了所有食材未調味之前，先舀出部分打成泥，可直接蒸熟，或填進馬芬模，與剩餘調了味的食材一起烤熟後，給8個月以上寶寶食用。

高蛋白、營養豐富的小蛋塔，很適合當家庭早餐、搭配全穀捲餅成為輕食午餐，或者孩子的便當菜和放學後點心，是混進孩子多半不喜歡的辛澀菜的好載具，也是豆豆最能接受且愛極的芝麻菜和西洋菜（watercress）吃法。一次多做一些放冷凍庫，食用前烤熱即可。除了蛋和洋蔥，可以替換任何喜歡的時蔬，也可加進香草香料，增味添香，也提高營養價值。沒有烤箱的，將混合蛋液直接放平底鍋煎熟，就成了烘蛋。

食材（**12個量**）

☐　嫩芝麻菜（Arugula）1把，切碎（約4杯量）

☐　洋蔥1顆，切丁

☐　小番茄12顆，視大小切對半或4等分

☐　有機蛋8顆

☐　特級初榨橄欖油1大匙

☐　杏仁奶（或有機豆漿、牛奶）2-3大匙（視蛋大小）

☐　海鹽、現磨黑胡椒適量

作法

1　用中大火加熱平底鍋，入橄欖油將洋蔥丁拌炒至金黃色，離火放涼。

2　烤箱預熱至175度C（350度F）。取一大碗，將蛋打散後，加入2-3大匙杏仁奶、放涼的洋蔥丁、芝麻菜、番茄、海鹽和現磨胡椒，充分攪勻。

3　紙模鋪進12格馬芬烤盤（或用廚房紙巾沾點油，均勻塗抹於烤杯裡），舀入混合蛋液至8分滿，入烤箱烤20-25分鐘，或至蛋液凝固為止。

4　從烤箱取出稍涼後，如果沒有用紙模，可用刮刀輕輕將杯緣刮鬆，小心將蛋塔取出，趁熱享用或放涼吃都可。我覺得放涼吃，味道比較香甜，口感也更滑嫩。

Vietnamese style spring rolls

多彩多滋越式米捲

米捲是我家夏天必嚐的輕食，滿滿的當令蔬菜，豐簡隨興，搭配個人喜好的蔬食或葷食蛋白質，醮上酸甜嗆辣的魚露醬，清爽又開味，適合家常餐桌（豆豆可包得開心哪）、放進午餐盒或當下課點心；也可以拿來當賓主同歡的開趴一手食，主人只需準備好食材，讓客人自己包捲，保證氣氛強強滾，絕不冷場，這也是我在蔬食課裡分享這道菜的主因。一般越式米捲多用燙熟米粉襯底，我覺得米紙本身已是加工澱粉了，不需要再多塞入肚，反而這是吃進多種蔬果的好機會，例如肉質豐厚的酪梨用在這裡很對味，就算沒有肉、蝦，也不覺乏味！

家有嬰幼兒
For the babies

酪梨是完美的嬰兒副食，營養豐富且不用稀釋不用打成泥，不管哪個階段都可食用。若有用到豆腐，切成細長條的煎豆腐，正好可拿來給8-10個月的貝比，練習箝指抓物和自己餵食。小黃瓜、紅蘿蔔、甜椒也可切成粗長條（比較安全），讓剛開始吃副食的貝比咬磨，品嚐滋味，也是味覺訓練。

廚事筆記
Kitchen notes

（1）沒用完的食材醬汁，可直接混拌當生菜沙拉食用。

（2）米捲不適合冷藏，外皮會硬掉、走味，儘量現做現吃或在半天內吃完。

食材（做10捲）

- ☐ 越式米紙（直徑22公分）10張
- ☐ 雞胸肉2片或去殼大蝦10隻（葷食）／有機老豆腐1盒（蔬食）
- ☐ 生菜葉10葉
- ☐ 小黃瓜2條，切細條
- ☐ 美式細長紅蘿蔔2條或台式1/2條，切細絲
- ☐ 紫色甘藍1杯，切細絲
- ☐ 紅甜椒1/2個，切細條
- ☐ 美國酪梨2個，去核切長條
- ☐ 九層塔、薄荷葉、香菜（芫荽）各1小撮
- ☐ 烤過花生1/2杯（可免）

醬汁

- ☐ 萊姆2個
- ☐ 蒜末2-3瓣
- ☐ 薑末1大匙
- ☐ 蜂蜜或楓糖漿2大匙
- ☐ 魚露2大匙（葷食）／海鹽1/4茶匙（蔬食）
- ☐ 泰國小紅辣椒1-2條（小朋友要吃的先取出，再加辣）

作法

1 取一小碗，擠入萊姆汁後，與其他醬汁食材混合拌勻，靜置至少30分鐘入味。

2 將雞胸肉切長條，加點醬油、麻油後蒸熟或煎熟（或將鮮蝦燙至8分熟，稍涼後橫剖成半，去除腸泥）。若做蔬食米捲，將老豆腐橫切薄片，用廚房紙巾擠壓拭乾水分，以一點醬油、麻油調味，兩面煎黃，待涼後切細長條。

3 備妥一容器，內舖溼潤的廚房紙（毛）巾，另加一份溼巾備用。取一圓形水盤（或我用的茶盤），盛裝半吋高的溫水。

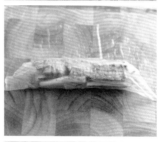

4 取一張米紙過溫水2-3秒鐘，瀝乾後放在平盤或砧板上。這一步是米捲能否包好的關鍵，該取出就取出，別猶豫！溼米紙取出時還有點硬度，但會繼續軟化。若等米紙浸軟才取出，很容易黏皺成團，包捲時也無法伸展而易破裂，不是沒辦法捲就是捲不漂亮。

5 在米紙內緣1/3處（左右各留至少1吋空間），依序放上一葉生菜、雞肉條（或豆腐條）、小黃瓜條、紅蘿蔔絲、紫色甘藍絲、甜椒絲、酪梨條、香菜及九層塔，撒上花生（若有用），往外捲緊至米紙中心，接著兩邊往中心內摺，再放一至兩片薄荷葉（或兩片剖半鮮蝦，見244頁），葉（蝦）面朝下，往外捲到米紙盡頭。這時翻個面，就會看到薄荷葉（或蝦身）漂亮地鑲嵌在表層（見245頁）。也可以用整株香菜或切段青蔥替代薄荷，在最後一步（或捲入蝦之後）如法炮製，既增色也添趣味。

6 將包捲好的米捲放進墊有溼巾的容器內，以大片香草葉（如紫蘇）、烘焙紙或溼紙巾隔開，蓋上另一層溼巾，確保米捲不會彼此沾黏而破損或乾掉。重覆步驟4、5，直到米紙用完。食用時沾上醬汁即可。

Curried shrimp cups

咖哩蝦杯

家有嬰幼兒
For the babies

烤脆後的餛飩皮，其實是空卡路里，但仍可剝成小碎片，給7、8個月以上嬰兒純品嚐，或烤前將餛飩皮切成長條狀，讓寶寶練習抓握吸磨。10個月以上已可箝指抓食的寶寶，還可在調味之前取出部分煮爛的蝦子和蔬菜丁，讓他自己餵食。

這是我在「開胃菜」課堂裡教做的一道點心，咖哩蝦酸酸甜甜的鮮味很討喜，老少咸宜，是高人氣的派對一手食，放進現做現吃的冷食便當裡也行。咖哩蝦只是一種可能，其實填什麼料都可以；用圓形餛飩皮當然也行，但形狀不如有稜有角的方形好看。如果宴客菜單很長，可在前一天先把餛飩杯烤定型，隔天再追烤到金黃色而省去一些準備時間。若是要帶到一戶一菜的Potluck派對裡（我的紀錄是3分鐘內被搶光），請確定餡料完全放涼後再裝填，餛飩杯才不會在運送過程中因加蓋熱悶而回軟。

食材（做24個）

- ☐ 方形新鮮餛飩皮24張
- ☐ 海蝦460克，去殼去腸泥後切丁
- ☐ 中型洋蔥1顆，切丁
- ☐ 玉米粒（可用冷凍品）1杯
- ☐ 青豆仁（可用冷凍品）1/2杯
- ☐ 紅蘿蔔丁（可用冷凍品）1/2杯
- ☐ 蒜末2瓣
- ☐ 薑末1-2小匙
- ☐ 高湯（或水）1/2杯
- ☐ 香菜末1/2杯
- ☐ 特級初榨橄欖油1大匙

調味

- ☐ 印度咖哩粉2小匙
- ☐ 綠萊姆汁2大匙
- ☐ 楓糖漿2大匙
- ☐ 海鹽1/2小匙，或適量
- ☐ 現磨胡椒適量
- ☐ 麻油少許
- ☐ 葛根粉2小匙（arrowroot powder）或非基改玉米粉，勾芡用

作法

1 烤箱預熱到190度C（375度F）。攤開餛飩皮，兩面刷一層薄油後，小心按壓（避免壓破）進24格迷你馬芬烤盤裡，注意底部儘量壓平，烤完才會像杯子般立起來。進烤箱烤7-8分鐘（6分鐘就開始查看），或表面呈金黃。取出放涼備用。

2 以中大火預熱炒菜鍋，入油炒香蒜末和薑末，續入蝦子翻炒至變色。接著放進洋蔥丁、玉米粒和青豆仁，拌炒個2分鐘。有需要可酌加油。

3 入高湯，以咖哩粉、萊姆汁、楓糖漿、海鹽和胡椒調味，煮個2分鐘，接著用葛根粉水（2大匙水對2小匙粉）芶芡，淋點麻油起鍋、盛碗，拌進香菜末。

4 等咖哩蝦餡稍涼後，逐一填入餛飩皮杯裡，才不會讓烤脆的餛飩皮回軟，溫食、冷食皆宜。因為咖哩隔餐（天）更入味好吃，我故意設計比實際需要更多的餡料，剩餘的拿來配飯或夾生菜葉，都好吃。

Crustless zucchini salmon mini quiches

無派皮櫛瓜鮭魚迷你鹹派

家有嬰幼兒
For the babies

取出少許蛋液,可加(或不加)一點椰奶油或水,不需調味,蒸熟了給6個月以上嬰兒食用。8-10個月、確定無過敏體質的貝比,可以用少許混拌好但未加鹽巴胡椒的鹹派內餡,打勻後放入蒸鍋蒸(或烤箱烤)熟,再撥小塊給孩子吃。當周歲以後幼兒的外出點心,也很適合。

食材事典
About the Ingredients

Quiche指的是以蛋液和奶為基底,混合了起司、蔬菜、肉和(或)海鮮的法式鹹派,冷吃熱食皆可。顧名思義通常有一層油酥派皮,但節省時間的家常做法,可省去派皮,直接將蛋液食材倒進烤皿裡烘烤,叫無皮鹹派(crustless quiche),很像義式烘蛋frittata,只是多了奶。這裡我依平日飲食習慣,以椰奶油取代牛油、豆奶取代牛奶,沒加起司,但椰奶油散發著濃郁甜香,對我和嚐過的人來說,滋味一點都沒短少。

我對馬芬烤盤做的鹹料理很難抗拒,總為那一小個能填塞多種食材、滋味的杯物深深著迷。有了孩子後,發現馬芬形狀的料理還多了個好處－孩子超愛的!不管塞進什麼、喜不喜歡吃,甚至是孩子討厭或不敢吃(例如櫛瓜之於豆豆)的食材,統統來者不拒地吃下肚。說馬芬烤盤是媽媽的好幫手,一點也不誇張!

食材(做17-18個量)

- 野生鮭魚排320克
- 櫛瓜2條,刨絲
- 棕(或白)洋菇10朵,切小丁
- 有機蛋4顆
- 椰奶油1/2杯(取自椰漿罐頭)
- 有機豆奶(或牛奶)1杯
- 蒜末2顆
- 巴西里(或喜歡的香草)數株
- 海鹽、胡椒適量

作法

1 燒一小鍋水,入鮭魚片水煮至7、8分熟撈起,約5分鐘,再用廚房紙巾拭乾。稍涼後,以手剝碎魚肉,剔除魚刺。

2 加熱平底鍋,以1大匙油炒香蒜末。櫛瓜絲稍微擠出水,和洋菇丁一起下鍋翻炒幾下,確定均勻上油就可(不要等出水),以海鹽胡椒調味。起鍋備用。

3 打開椰漿罐頭,撈出浮在上頭的1/2杯固狀奶油(事先將罐頭放進冷藏過夜,可確保椰奶油上浮固化),用低溫熱溶。每罐椰奶油量不一,少一點無妨。

4 取一預拌碗,打勻蛋液;加入豆奶(或牛奶),攪勻;再入椰奶油,打散,若還有顆粒狀也無妨,烤了就會融化。以海鹽、現磨胡椒調味。

5 烤箱預熱到190度C(375度F)。12杯馬芬烤盤鋪上烘焙紙杯或塗上一層薄油,依序舀進2大匙椰奶蛋液、2大匙櫛瓜磨菇、2大匙鮭魚,上面撒一些巴西里(或其他香草),再填補1大匙蛋液,約至烤杯2/3處。進烤箱烤27-30分鐘,或烤至杯緣金黃即可。剩餘食材再烤一次。

Quinoa and beet green muffins

甜菜葉藜麥塔

家有嬰幼兒
For the babies

可保留一點煮熟藜麥加奶水磨成泥，給剛開始吃副食的貝比吃。10個月以上嬰兒，除非對蛋和起司過敏，其實可以取出少部分餡料，不加鹽糖胡椒，打成泥後下去烤，再剝成適口大小給孩子自己餵食，也適合當外出點心。

這道菜靈感得自美國食譜書作者Heidi Swanson的知名部落格「101 Cookbooks」。我向來喜歡馬芬烤盤做的鹹料理，也常以小穀類結合蔬菜蛋液做煎餅，因此當我看到Swanson結合兩者於一的羽衣甘藍藜麥塔時，不禁大聲叫好。我保留了她食譜裡的藜麥、洋蔥和菲它起司，但在顏色、滋味和營養上更上層樓，加進種籽、超級食物和香草，讓這道蔬食風味口感都更有層次。這是豆豆很喜歡的午餐盒菜色，而且老少咸宜，可多做凍存，重烤過也不影響風味。

食材（10個量）

- □ 煮熟藜麥（或小米、全麥谷司谷司）1杯
- □ 切碎甜菜葉（或瑞士甜菜Swiss chard、菠菜）1杯
- □ 小型紫（或白、黃）洋蔥1顆，切丁
- □ 蒜末1瓣
- □ 菲它（feta）起司1/4 杯，揉碎
- □ 有機蛋2顆
- □ 特級初榨橄欖油1小匙
- □ 亞麻仁籽1/3杯，現磨成粉（或用麵包粉）
- □ 超級食物撒粉2大匙（見92頁）
- □ 海鹽和現磨胡椒適量
- □ 天然糖蜜少許
- □ 喜歡的香草或香料（我用蔥末和巴西里）

作法

1. 取一大碗，加入所有食材，攪勻成餡料。可用微波爐煮兩口試味道（或像我取一丁點舔試，再漱口），調整鹹淡。

2. 烤箱預熱到190度C（375度F）。12格馬芬烤盤舖上烤杯紙，一一填入餡料，切記用湯匙壓填緊實，烤後才不會鬆垮。入烤箱烤25-27分鐘，至表面金黃乾脆即可。

Whole
grains & legumes

3-5　全穀飯麵乾豆

適度調味，讓全穀類擺脫「配飯」的聯想，是鼓勵家人孩子多吃全穀的入門之法；準備得當，高比例全穀米麵，也可以美味噴香；冷熱皆宜，乾豆的多元享味，值得開發。

Whole barley mixed with edamame and shitake mushroom

毛豆香菇薏芢拌飯

家有嬰幼兒
For the babies

取出一點煮熟薏芢糙米飯，加進奶水打成泥，可以給7、8個月以上嬰兒食用；米飯另再加水煮軟些，可以給9-10個月以上，或讓已會用手指抓握的貝比自己餵食。把拌好其他食材的飯加水煮成粥，給10個月以上寶寶吃亦可。

廚事筆記
Kitchen notes

此食譜是中式調味，若加進切丁的生鮮蔬果和油醋，就成了西式穀米沙拉（可以任何全穀類替代薏芢糙米），也可調進香料香草，滋味和口感更千變萬化。

這個拌飯看起來像炒飯，吃起來卻像油飯，主要是多了一股油蒜酥的噴香，是我讓很多人願意吃全穀飯的秘訣。

薏芢糙米飯食材
- □ 糙薏芢 1米杯
- □ 糙米1米杯

拌飯食材
- □ 煮熟薏芢糙米飯3量杯（非米杯）
- □ 小型洋蔥1顆，切丁（1杯多一點）
- □ 毛豆1/2杯
- □ 乾香菇8朵，泡軟去蒂後切丁（約1/3杯）
- □ 紅蘿蔔少許（配色用），切丁
- □ 蒜頭或紅蔥頭4顆，切末
- □ 香菜1小把，切碎
- □ 海鹽、白胡椒適量
- □ 特級初榨橄欖油2大匙
- □ 黑麻油少許

作法

1 用過濾水浸泡糙薏芢、糙米過夜（或至少4小時），隔天以篩網（攔截已脫離的胚芽）濾除浸泡水，沖洗乾淨，用過篩網瀝乾。電子鍋中放入已浸泡的薏芢糙米，加入2.5米杯過濾水（若浸泡時間較短，酌加水分），這時水位刻度會低於電子鍋中的2米杯糙米設定。浸泡過夜的米已吸滿了水，不會不夠。加點海鹽，按下電子鍋煮熟。

2 炒菜鍋以中火預熱，倒進2大匙初榨橄欖油和蒜末（或紅蔥末），炒到金黃酥脆，濾出蒜末備用。

3 炒過蒜的油再回鍋，轉中大火，入香菇丁炒香，續入洋蔥丁、紅蘿蔔丁和毛豆，以海鹽和白胡椒調味，拌炒到稍軟但還清脆就離火。

4 拌進3量杯（或飯碗）薏芢糙米飯、蒜（紅蔥）酥、香菜末，起鍋前淋一點麻油拌勻。

Gluten-free amaranth cornbread

零麩質莧籽 玉米麵包

家有嬰幼兒
For the babies

莧籽、小米、藜麥都是高營養且易消化的（類）穀物，很適合初嚐副食的嬰兒食用。可多攪打一點玉米莧籽粉，加水煮粥，視需要以奶水稀釋，給6個月以上嬰兒食用。若家族成員有對玉米過敏，則先避開玉米，確定玉米不造成問題再試。

好友 Winnie 烤得一手好玉米麵包，底層焦香酥脆，她說關鍵就在用鑄鐵鍋。後來我為豆豆的午餐盒籌思全穀主食時，剛好在網上搜到用莧籽粉取代麵粉做玉米麵包的方子。吃起來淡淡堅果香的莧籽，是家中常備食材，於是迫不及待捲起袖子，一併實驗了這兩種一反平日玉米麵包做法的結合，果然不失所望！

食材

- ☐ 玉米碎（coarse cornmeal，美國玉米大多數是基改品種，儘量用有機品）1杯
- ☐ 莧籽（amaranth）1杯
- ☐ 無鋁泡打粉2小匙
- ☐ 海鹽1/4小匙
- ☐ 有機蛋2顆
- ☐ 玉米粒1&1/4杯（取自兩穗有機玉米，冷凍品也行）
- ☐ 杏仁奶、豆奶或全脂牛奶1&1/4杯
- ☐ 生蜂蜜5大匙（1/4杯+1大匙）
- ☐ 初榨椰油6大匙
- ☐ 有機放牧奶油或印度傳統酥油1&1/2大匙（融於鐵鍋）

作法

1　玉米碎和莧籽一起放進強力果汁機中打成粉狀，約打成2&1/3杯。若莧籽不好找，可以全麥低筋麵粉替代；無果汁機者可直接用市售玉米粉加麵粉。

2　取一預拌碗，將玉米莧籽粉、泡打粉和海鹽攪勻。另取一碗，將有機蛋、玉米粒、奶、生蜂蜜和初榨椰油等溼食材混拌均勻。

3　將乾食材逐步混進溼食材中，確認攪拌均勻，不留下粉粒。

4　將10吋鑄鐵鍋放進烤箱，以200度C（400度F）預熱。等鐵鍋夠熱了，放進奶油，戴上烤箱專用手套，小心以雙手取出鑄鐵鍋，讓融化中的油延著鍋緣兜一圈後，平放爐台上（鍋燙，要確定放對地方！），倒進麵糊，再小心放回烤箱，烤22-24分鐘至表面金黃、鍋緣微焦，或插進牙籤至中心拔出無沾黏為止。

Shrimp and mozzarella pasta salad

全麥明蝦鮮酪螺旋麵沙拉

義大利麵沙拉是西式派對裡常見的冷食菜色，一般多用短版義大利麵來做，冷食其實更能吃出彈牙口感。另一好處當然就是不怕它變涼，可以事先準備，參加派對、到公園野餐，或帶便當，都很方便。

食材（4-6人份）

- ☐ 海撈大蝦16隻（480克）
- ☐ 蒜末2瓣
- ☐ 油漬番茄（見118頁）1/2 杯（或小番茄12顆對切，或兩者混合）
- ☐ 醃漬朝鮮薊（marinated artichoke，取自超市熟食區或罐頭）3顆，切塊（若不好找可免）
- ☐ 新鮮馬茲瑞拉起司球10小球，手撕小塊
- ☐ 油漬橄欖20 顆，或喜歡的量
- ☐ 新鮮羅勒5-6枝
- ☐ 全麥螺旋麵300克（Fusilli，或其他短義大利麵，如筆管麵penne或蝴蝶麵bow tie）
- ☐ 特級初榨橄欖油1大匙（炒蝦用）

醬汁

- ☐ 特級初榨橄欖油1/4 杯
- ☐ 酸豆（caper）2大匙
- ☐ 義大利混合香草（Italian seasoning）1小匙
- ☐ 現磨胡椒適量
  ＊酸豆很鹹，醬汁不需另加鹽

作法

1. 海蝦去殼去腸泥後，切適口大小。

2. 湯鍋內加入足夠的水，煮滾後放進足量的鹽，依包裝指示煮義大利麵。別忘啟動計時器。

3. 同一時間，以中大火預熱主廚鍋或炒鍋，入1大匙橄欖油炒香蒜末，續入蝦子炒到變色剛斷生，以少許海鹽、現磨胡椒調味。起鍋備用。

4. 取一大碗（或用原鍋），將煮好瀝乾的義大利麵和炒蝦（連汁液）拌勻。稍涼後，再和其他冷食材混合，淋上適量醬汁，調整鹹淡。食用前拌進以手撕裂的新鮮羅勒即可。

家有嬰幼兒
For the babies

短版義大利麵很適合當貝比的手指副食，是訓練小手抓握和使用箝指的絕佳工具，煮爛的口感又很適合給寶寶練習口腔、牙齒的咬磨。只要嬰兒吃的時候大人注意看著（不管吃什麼都是），不讓寶寶噎著了就行。其他食材如油漬番茄和海蝦，也可切小丁給稍大嬰兒自己抓取餵食。

廚事筆記
Kitchen notes

短版義大利麵是有心從吃白麵漸進轉換到吃全穀麵食者，很好的入門點。不管哪一種形狀，都顛覆了我們對麵條的細長認知，比較不會被白麵條的印象制約；也因其短小適口，就算口感比白義大利麵稍緊實，平常不習慣吃的人也不至於嚼起來有味蕾被重擊的感覺。

part03

Ping's handmade ramen

半全麥蘭州拉麵

家有嬰幼兒
For the babies

可以另拉幾條寬約1/2吋、長3吋，即小手整個抓握時會有麵頭跑出來的長度的麵，煮爛一點，給8個月以上嬰兒練習抓握、咬磨；切適口大小，則可給10個月以上或會以箝指取物的嬰兒自己餵食。

廚事筆記
Kitchen notes

（1）因全麥口感較緊實，這配方比較適合做成乾拌麵；若要吃湯麵，建議直接麵餅切粗條，用手拉捏成適口大小的麵疙瘩，吃起來很彈牙呢。

（2）林萍建議一次多揉些麵，在步驟2之後將剩餘的抹油麵餅隔保鮮膜層疊後，外面再套一層密封袋，放進冷凍庫，至少可保存2個月；食用前一晚置冷藏或40-50分鐘前（我的經驗）拿到室溫解凍，現拉現煮，隨時有拉麵吃。

我試過的家製中式麵條，全麥粉比例若超過1/4，口感就顯得生硬而失去彈性。自從兩年前在友人林萍家吃了她自製的蘭州家鄉拉麵，學到在麵團表面加一層油來防沾並增加麵團延展性後，我就迫不及待地回家實驗，直接用一半全麥粉來取代林萍的全白配方。結果令人滿意極了，全麥粉在油脂浸潤下，似乎被消溶了頑強本性，韌度盡出，還多了股麥香。

食材（4人份）

- ☐ 中筋（All purpose）麵粉1杯
- ☐ 100%全麥麵粉1杯
- ☐ 過濾水185克（全中筋的水量）
  加少許（因為全麥較吸水）
- ☐ 海鹽少許
- ☐ 橄欖油適量（塗在麵團表面）

作法

1　麵粉過篩後，慢慢加入185克過濾水和海鹽攪和，續搓揉成麵團。由於全麥粉比較吸水，需酌量加水，可一次加半小匙調整，目標是比水餃皮還溼潤的麵團。揉至三光後，加蓋靜置鬆弛20分鐘。

2　工作檯上撒點麵粉，將麵團揉搓成圓柱狀，均切成4等分。稍微整型揉圓後，以手掌壓成約半公分厚的圓形麵餅，兩面各塗上約1/4小匙的油（周邊也要），再以保鮮膜上下隔開麵餅，靜置1-2小時。

3　燒一鍋熱水備用。取出一份抹油麵餅，不需撒手粉，切成1公分長條，然後一次取出一條或數條（等熟練了以後），雙手各拉一端，就著工作檯啪啦啪啦地甩拉，麵條若太長就對摺，直到喜歡的寬度為止。重覆以上動作，一次拉、煮一個麵餅份量。基本上麵餅靜置愈久，麵筋就愈鬆弛愈好拉；麵餅切愈寬，甩拉時間要愈長才能達到相同寬度。林萍喜歡吃一吋寬的麵，我喜歡煮好（膨脹）後約半公分寬的麵條，吃起來口感、嚼勁最剛好；喜歡吃細麵的，可把麵餅切細點再甩拉，或者把麵拉得更細長，但前者比較省力。

4　等甩拉完一整個麵餅，就下鍋煮，約2-3分鐘起鍋（視麵條粗細而定，若白麵條時間更短），剛好煮出很紮實的一個大人份。雖然家製麵條粗細不一（尤其若不是同一人拉的），我的經驗是成品口感差異不大。煮好麵條澆淋上事先煮好的醬汁（例如《原味食悟》裡的健康升級肉燥、燉肉剩餘醬汁），趁熱吃很過癮，溫溫的吃口感更Q彈！

50% whole wheat bread with biga, walnut, and raisons

半全麥核桃
葡萄乾歐包

家有嬰幼兒
For the babies

餵食18個月以下嬰幼兒請不要加小穀種籽，免得口感太過生硬。只要確定沒對麩質或堅果過敏，可以將歐包切成細長條，挖出核桃和葡萄乾後，給8個月以上寶寶自己練習抓食，或加奶水打成泥來餵食。堅硬的歐包外皮遇溼則軟，很適合給寶寶磨牙。

廚事筆記
Kitchen notes

如果沒有鑄鐵鍋，可將麵團直接放石板（pizza stone）上烤，一樣預熱，但底層要加一個烤盤（或鑄鐵平底鍋更好），等麵團進烤箱後，記得加杯熱水進烤盤製造蒸氣。

如果你以為全麥歐包吃起來一定乾柴老硬，那這個配方即將改變你的看法。我以佛氏技法（見267頁）為本，結合了他書上的50%全麥和好友Michiko分享的另一個半全麥歐包食譜，再根據我多次的實作經驗加以調整，無糖無油，但成品結構張力十足、氣孔充分，因而外皮硬脆焦香，內裡鬆潤而有咬勁，而且麥香風味俱足，保證從此翻轉你對全麥歐包的成見！

食材（做一法式大圓歐包Boule）
預發酵麵種（Biga）（前一晚動作）
- 中筋麵粉250克
  （我用king Arthur的有機unbleached, unenriched all purpose flour）
- 過濾水170克（27度C／80度F）
- 速發乾酵母（instant dried yeast）0.2克，即1/16小匙

主麵團（隔天早上用，即和完麵種12-14小時後）
- 100%全麥麵粉（我用 Bob's Red Meal 的有機whole wheat bread flour）250克
- 過濾水230克（38度C／100度F）
- 細海鹽11克（1&1/2小匙）
- 速發乾酵母1.5克（1/4 +1/8小匙）
- 全部預發麵種 420克
- 核桃（或胡桃）70克（約1/2杯）
- 葡萄乾70克（約1/2杯）
  ＊麵團溼度80%

以下小穀種籽和香料可增添風味和口感，視喜好添加，不加也行：
- 藜麥1大匙
- 小米1大匙
- 莧籽1大匙
- 葛縷子（caraway seeds）1小匙
  （強烈推薦，它的香氣可神奇咧！）

敗部復活做歐包

不貪快，不花俏，只靠麵粉、水、酵母和鹽4個基本食材製成的基本歐式麵包，看似簡單易學，一旦做了，才知道簡單裡蘊藏的複雜。和麵的水溫（麵團溫度）、麵粉種類、揉麵和摺麵的技巧、發酵環境的溫溼度、發酵時間、烘烤溫度和時間，甚至割紋力道及所用烤皿，都能影響成品的風味和口感，更別說那些個需要一段時間摸索、搏感情，還不見得能完全掌控的微生物酵母了。

我這麼說，當然是在如今回頭看感覺浪費了好多麵粉（其實是繳學費），吞下無數個奇形怪狀、馬馬虎虎的歐包之後。

幾年前我剛開始學做歐包時，用的是朋友分享來的舊金山酸酵種（即野酵母）。當時有股初生之犢不畏虎的天真，我以為已經做了研究，讀了不少資訊，只要像善待寵物般地勤加餵養，這些野酵母「媽媽」終能像她們之前的媽媽一樣，不論是飄洋過海輾轉遷徙，這個大陸跳到那個大陸，或從這家土窯流傳到那家爐灶，終將融入、適應我家廚房的獨特性而安身立命，保我一家源源不斷的美味歐包。

哪知我太貪心，同時養了許多廚房「寵物」，酸酵種、克菲爾菌（喝水、喝奶的都有）、紅茶菌，這個要餵那個要養的，生活一忙碌起來，菌種媽媽們突然都成了嗷嗷待哺的孩子，需索無

度，加上培養酸酵種泌泌不絕多出的麵糊怎麼都吃用不完，最後只能向現實低頭，被迫取捨，把最麻煩囉嗦且非日日實用的酸酵種打入名副其實的冷宮（冰箱）。我那以熊心勃勃起始，離完美還很長一段距離的全穀歐包經驗，從此有氣無力地苟延殘喘了一陣，偶爾靠免揉歐包撐撐場子（那真是入門者的福音！），期間也重新培養了野酵母，但計畫總趕不上變化，做做停停，又把媽媽遺忘到一旁了。

直到去年感恩節吃到好友Michiko製作、比市售品不知好過幾倍的半全麥歐包後，又激起了我的雄心壯志，也才醒悟到，既然媽媽那麼難伺候（不然舊金山知名烘焙坊La Tartine的創始人之一Chat Robertson怎會帶著他「媽媽」上電影院，只為了能準時餵她？），我這不太勤快的「女兒」也沒真的盡心照顧，讓她有機會好好表現，何必執著肖想有風味深度與個性的酸酵種歐包呢？這一想通，趕緊向Michiko要了配方，心想起碼個性統一的商業酵母平易近人多了，成功機會大一些。

結果呢？味道是接近了，但連試了幾回，麵包的身形和口感還是不到位。我遍尋網海企圖找出問題徵結，讀了發酵理論和各家技巧，運用到實作上，進步是有，但過多而鬆散的資訊也搞得眼花撩亂。例如有的說摺疊前要打麵團消氣，有的說千萬小心別弄破了氣孔；有的主張冷藏拿出的麵團要回溫，有的豪邁地說直接進烤箱…多讀等於沒讀，終究一知半解。

當時正值也迷歐包製作的一位朋友三天兩頭在臉書貼成果照，說是從「Flour, water, salt, yeast」（暫譯：「麵粉、水、鹽和酵母」）此書學到好多關鍵技巧，我這才上亞馬遜訂購原已在待買書單裡的這本書。拜讀之後，真是相見恨晚，那些我算熟悉、但執行起來全憑想像的麵包製作術語和技巧，在此書作者--波特蘭工藝麵包師傅肯‧佛克許（Ken Forkish）鉅細靡遺的文字解說，和分解詳實的圖例之後，許多抽象概念才有形有體地在我腦海聚焦了起來（之前讀過的幾本麵包專書都缺照片）；而在多次實作了書中兩個高比例全麥歐包（50%和75%）食譜後，我掙扎了許久的許多疑團，終於撥雲見日，從此做起全穀歐包彷彿如虎添翼，不管在口感或風味的掌握上，算是練就了見機行事、見招拆招的本事。我的家製歐包水準，雖還不完美，終於像樣了。

回頭一看，才發現原來之前以為賣相風味口感都「還可以」（起碼家人吃得很高興）的家製歐包，這會兒看了舊照，頭頂燈泡一亮，觀形辨色就知道這個發酵不足，那個發酵過度，為什麼風味不盡如人意等。如果能回到當時，免不了要扔幾個進垃圾筒，或直接碎了做麵包粉。

你也許要問，幹嘛不做簡單又幾乎零失敗的5分鐘免揉歐包？第一，為了可以在短時間內烘烤，那方法酵母量很驚人。我偏好低酵母、長時發酵麵包的風味，因此免揉始祖Jim Lahey的基本食譜較合我意；第二，就算我大減酵母量，冰箱容量還是有限，不宜再去搞個大麵桶來佔空間；第三，如果只做免揉麵包，那我這輩子大概還是只會做免揉款，一碰到要揉要摺的傳統配方，仍是一知半解，永遠搞不清楚是哪個環節出問題，以致形狀垮了點、風味少了點、口感硬了點。

Forkish的方法之所以能讓高比例全麥歐包在使用極少的酵母下，口感依然鬆軟輕盈（當然還是比白麵包緊實些），關鍵在於相對高比例的麵團溼度（80%），加上適度摺疊麵團（算半揉），來彌補因高水分但相較比免揉款發酵時間短而失去的結構張力，才能在早上揉麵、晚餐就吃得到風味口感俱佳的麵包。如果時間允許，我其實更喜歡在整型之後直接將麵團送進冷藏，以低溫來延緩麵團二次發酵的速度，拉長發酵時間來增添麵團風味。

以此篇食譜為例，因為用到預發麵種，香氣在揉完主麵團時已隱約可聞，它二次發酵在室溫原只需1小時，放進冷藏則需要4、5個小時才完成，但香氣風味也大大提升。如果時間點剛好可以配合，例如晚上10點才整型，那乾脆就讓它冷藏過夜，隔天一早再烤，就算那時發酵可能稍微過度了，那多出來的風味，對我來說，足以彌補些微流失的鬆發口感。尤其是只用到麵粉、水、酵母和鹽4個基本食材製做的歐包，就算口感完美，少了麥香和隱約的酸香，可是會讓人吃來悵然所失的。

作法

1　前一晚準備預發麵種。備好170克的27度
　　C（80度F，即室溫，差不多就好）過濾水。
　　將1/16小匙的酵母放進小缽，加進少許備好
　　的水，攪一攪助其溶化，然後倒進裝有250
　　克中筋麵粉的大盆內（大一點無妨，小了不好
　　用），用一點水把小缽沖乾淨，再倒進剩餘的
　　水，用手攪和後，從盆邊拉起麵團（這麵團
　　非常溼黏）往另一邊摺疊，如此延著盆繞一
　　圈後，再以虎口掐捏，如此兩者交替進行數
　　回，確定麵粉和酵母混拌均勻就好。加蓋，
　　放室溫（18-21度C／65-70度F）發酵過夜，
　　12-14小時。例如晚上8點做麵種，隔天早上
　　10點以前和主麵團，到時麵種已出現許多氣
　　泡，聞起來有明顯的酒酸香。（圖1）

2　另取一預拌盤，加入主麵團裡的全麥粉、海
　　鹽和酵母，備好38度C（100度F）的水，
　　將葡萄乾泡在裡頭約2分鐘，然後將水倒進
　　麵粉裡，以手或攪麵棒攪和後，加進放有麵
　　種的大盆裡（圖2），續加入葡萄乾和核桃。
　　若有用到小穀種籽或香料，這時候一起加進
　　去。（圖3）

3　準備好一小碗溫水，要開始揉麵了，即重覆
　　步驟1的方法。把手沾溼防黏，由盆邊拉起麵
　　團伸展，往另一邊摺疊，邊摺疊邊轉動盆子，
　　完成一圈後，再以虎口張開朝下，由右至左
　　掐捏麵團，然後重覆伸展、摺疊麵團，再掐
　　捏麵團（漸漸會捏出毛毛蟲形，圖4-6）…如
　　此交替，麵團沾手就再過個水，過個3-4次
　　無妨，直到麵團混拌均勻，有一點張力了，
　　約5-6分鐘。讓麵團休息個幾分鐘，再伸展、
　　摺疊個30秒，直到麵團張力再現。至此麵團
　　就揉好了（圖7）。如果你有溫度計，這時測
　　麵團溫度約在27度C（80度F）。麵團加蓋，
　　放室溫進行初步發酵。

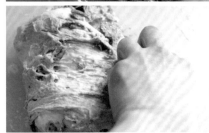

4　接下來的1個半小時，要摺疊3-4回合。也就
　　是揉好麵團15-20分鐘後，當盆裡的麵團再度

鬆弛攤平時，依同樣方法伸展、摺疊麵團一圈（約4-5摺），不需要掐捏，直到麵團稍緊實成球形，就翻轉麵團讓摺縫朝下，麵團裡的氣泡才不會流失。等麵團又鬆弛了，再進行摺疊。如此每摺一次，麵團張力會愈明顯，鬆弛所需時間也愈長。你可依方便把所有摺疊在1-2小時內做完，但千萬不要等到發酵最後1小時才摺疊，那會破壞已經建立起來的組織結構。

5　等麵團脹大到原來的3倍大，揉好麵團約3-4小時後，就可以整型了。美式烤箱夠大，不需要分割；若烤箱不夠大，可將麵團切割成兩份，再分別整型。整型前，準備1個可以呼吸的籐籃或洗菜籃（幫助定型加方便觀察發酵進度），內襯1條廚巾，撒上麵粉備用；工作檯上和雙手撒一層薄麵粉，輕手（儘量別弄破氣泡）將麵團從發酵盆裡翻倒出來。若需分割，在麵團中線（即分割處）撒一點麵粉，用刮板大致均分成兩份。

6　整型前，拍去分割麵團表面的麵粉，抹上手粉防沾，再依前述方法輕手（這時的氣泡比剛揉完麵時脆弱，很容易搓破）伸展麵團到最大程度、再摺疊，如此繞圓進行到麵團變成有張力的圓球，摺縫都重疊（圖8-13），就翻轉麵團讓摺縫朝下，這時接觸麵團的地方已無麵粉，正是需要摩擦力的理想整型環境。

7　雙手捧著麵團（圖14），施一點力讓麵團貼著桌面，然後沿順時鐘方向，一邊轉一邊將麵團往底下收摺，這動作的磨擦力會讓麵團緊實，直到麵團表面光滑成球。這時麵團不需特別緊實，但也不能鬆軟，至少要有足夠張力來撐持氣孔和形狀。接著把麵團（依然摺縫朝下）放進二次發酵的竹籃（或洗菜籃）裡（圖15）；若沒有適用容器，就把麵團放在撒上足夠麵粉的烤盤上。然後麵團表面撒一點麵粉，以毛巾或保鮮膜蓋上，或像我用大塑膠袋連籐籃一起套上，進行二次發酵，約需1小時。

8　發酵完成前45-50分鐘（注意這二次發酵時間很短！），將鑄鐵鍋連蓋（我用的是5夸脫容量）放進245度C（475度F）烤箱中預熱。預熱終了，用手指按壓麵團來決定是否發酵完成（圖16）：手指往麵團中央按壓約半吋，若很快回彈，表示發酵未完成，繼續發酵；若按壓後緩慢且只回彈部分，表示發酵完成，該進烤箱了。如果麵團表面已出現氣泡，表示發酵過頭了，外圍麵團結構會在烘烤過程中脹破，導致無法撐住氣泡而讓麵包體積變小或塌陷，也就是口感會比較緊實，但風味可能仍佳（如果沒過度太多）。

9　進烤箱前，戴防燙手套小心取出鑄鐵鍋，移除上蓋後，褪去手套；接著掀除發酵籃上的蓋布，雙手大拇指朝下往外翻，扣緊發酵籃邊緣、另八指輕放在麵團上將籃子帶到鑄鐵鍋上方（圖17），小心翻轉後讓麵團輕落入鐵鍋（練習個幾次就會熟練），麵團表面不需劃割紋，就讓高溫造成的麵團張力（oven spring）把這時翻在上頭的摺疊縫隙撐開來，形成自然裂紋。

10　戴上手套，鐵鍋加蓋（圖18），進烤箱烤30分鐘後（這時早已滿室麵香），重戴手套移除鍋蓋，續烤15-20分鐘，待15分鐘時察看，等麵包呈深棕色（是的，經過梅納反應的焦香外皮是風味的關鍵）就可取出，移到冷卻架上放涼。接著就等著聽麵包像會唱歌似地，發出如營火劈哩啪啦的裂紋聲（Crackle）。等一等，請忍著等麵包幾乎完全冷卻後（約1小時）再切開，才不會流失內部的水氣和氣孔結構，導致麵包出爐後才變塌。

左圖‧發酵適度、烘烤成功的圓型歐包，外型呈圓頂（dome）狀，中間隆起。

右上圖‧高溫烘烤造成的麵團張力，把麵團摺縫撐開成不規則裂紋。

右下圖‧半全麥歐包外皮硬脆焦香，內裡鬆潤而有咬勁。

Rainbow bean salad with miso avocado dressing

彩虹豆子沙拉
佐味噌酪梨醬

家有嬰幼兒
For the babies

取出一小部分煮爛黑豆和酪梨搗成泥，就可以給8個月以上寶寶食用。10個月以上嬰兒，可以整粒或切丁放盤中或桌面上，讓孩子自己抓取餵食。因醬汁裡都是全食材，只要不用到蜂蜜，給寶寶嚐一丁點也無妨。

這道沙拉，食材可以千變萬化，各種乾豆都適用，蔬果選擇更多，只要把握攝取當令蔬果、多彩多滋原則就行，適合當夏日輕食、午餐盒或晚餐配菜，也是我用來讓家人多吃點乾豆的方法。若不愛吃豆子，可替換成全穀（或類全穀）類，例如薏芢、藜麥、谷司谷司、小米和碎全麥，都適用。這裡用酪梨來稠化醬汁，但我也試過以芝麻醬（tahini paste）或原味優格來替代，風味不同，但與味噌都搭，各有特色。

食材（4人份）

- ☐ 煮熟黑豆（紅豆、白豆）1&1/2杯（或罐頭1罐，過濾水洗淨瀝乾）或新鮮毛豆
- ☐ 小番茄16顆，切4舟
- ☐ 橙色（或其他色）甜椒1/2顆，切丁
- ☐ 有機玉米1根，取出近1杯玉米粒
- ☐ 美國酪梨1/2顆，切丁後淋上檸檬汁防氧化變色
- ☐ 小黃瓜（English cucumber）1/3條，切丁
- ☐ 大型紫洋蔥1/8顆（或小型1/4顆），切小丁

醬汁

- ☐ 香菜1小把，切碎後約1/2杯
- ☐ 味噌1大匙
- ☐ 美國酪梨1/4 -1/2顆（視大小而定）
- ☐ 蒜頭1顆，粗切
- ☐ 現擠青檸（lime）汁1大匙
- ☐ 特級初榨橄欖油1大匙
- ☐ 蜂蜜或B級楓糖漿1/2大匙
- ☐ 過濾水1/4杯

作法

1   先做醬汁。將1大匙味噌放進1/4杯過濾水中溶解，然後與其他醬汁食材一起丟進果汁機或食物調理機中打勻備用。

2   煮熟豆子與切好蔬果一起放進大碗中，淋上適量醬汁，拌勻即可。喜歡多一點甜味的，可以丟一把葡萄乾進去，很對味。

Basic lentil soup

基本款扁豆湯

家有嬰幼兒
For the babies

煮到軟爛的雜蔬豆子湯,很適合給嬰兒食用。可在調味前取出少量打成泥,給6、7個月已開始吃副食一段時間的貝比吃;餵食8-10個月的貝比,可直接取出湯裡的扁豆和蔬菜丁,小口餵他,若怕太鹹就用開水沖過,或以開水稀釋湯汁。

廚事筆記
Kitchen notes

(1)扁豆是少數不需浸泡就可直接下鍋,多數人吃了不會脹氣的乾豆,這從它烹煮時間比一般乾豆少很多就可判斷。如果要餵貝比,建議烹煮前至少浸泡1-2小時。

(2)最後那一丁點紅酒醋(或檸檬汁)建議別省,它會讓整鍋湯汁鮮明起來。

(3)喜歡口感細一點的,可取出半鍋湯放進果汁機中打碎,再拌回原鍋。

加了奶油和鮮奶油的西式濃湯,和我的體質不合,我極少食用;但像扁豆(或任何乾豆)湯這種集植物蛋白質和多種蔬果於一盅的濃縮湯品,很合我胃口,家人都喜歡,自然成為冬日裡用來窩心暖肺的家常吃食。叫它基本款,是因可隨個人喜好添加風味,例如以咖哩調味更增溫潤質感,食用前拌進椰奶或優格就多了濃稠奶香,還可用不同香草來變換口味。

食材

- ☐ 綠扁豆1杯,至少浸泡1-2小時
- ☐ 西洋芹菜1根,切丁
- ☐ 中型洋蔥1顆,切丁
- ☐ 紅蘿蔔1/2條,切丁
- ☐ 大型番茄2顆,切丁
- ☐ 蒜末5瓣(不喜歡大蒜味者可減)
- ☐ 橄欖油1大匙
- ☐ 蔬菜高湯1.2公升
- ☐ 月桂葉1片
- ☐ 新鮮百里香碎1小匙
- ☐ 番茄膏(tomato paste)1大匙
- ☐ 乾紅辣椒碎(或紅辣椒粉)少許(不吃辣可省)
- ☐ 海鹽和現磨黑胡椒適量
- ☐ 紅酒醋(或檸檬汁)1小匙
- ☐ 新鮮巴西里1小把,切碎

作法

1 中火預熱一個寬底湯鍋或主廚鍋。加入橄欖油炒香蒜末後,續入洋蔥丁、西芹丁和紅蘿蔔丁,炒到蔬菜微軟,約6-7分鐘。

2 注入高湯,調高火量,入番茄丁、扁豆、月桂葉、百里香碎、番茄膏和乾紅辣椒碎(若有用),煮到湯汁微滾後轉小火再煮約25分鐘,或至扁豆軟化,以海鹽、現磨黑胡椒調味,起鍋前淋上紅酒醋(或檸檬汁)拌勻。食用時以湯杯或湯碗裝盛,上頭撒點巴西里碎,搭配全穀歐包,就是營養均衡又有飽足感的輕食餐。

Burden-free drinks, snacks & treats

3-6　零負擔飲品點心甜食

只要慎選食材，全食物製作的糕餅甜點，既增添食趣，也可適時補充營養。但從形塑孩子飲食習慣和擇食能力來看，它們還是只能待在「最少食用」的飲食天平上，否則家長的努力將白費。有心轉換，以全食材家製健康點心和甜食者，這裡的多元選擇是極佳入門。

Lemony chia drink

奇亞籽檸檬飲

這是我為了利用後院快速蔓長的薄荷葉所開發出來的派對飲品。在一次大型派對以雞尾酒形式供應過後，發現大人超愛喝，小孩也能接受，從此成了豆豆生日派對上的「飲料」。吸水膨脹了的奇亞籽形狀和口感，總讓沒嚐過的小朋友很好奇。我一哄說是青蛙蛋（froggy eggs），他們臉上就會出現半信半疑，或很好奇而躍躍欲試的可愛表情。就算不太願意嚐新的小朋友，最後都會在豆豆熱心推銷，其他孩子跟著品嚐之下，有了喝「青蛙蛋」的第一次接觸。

家有嬰幼兒
For the babies

就算不用蜂蜜而以楓糖漿調味，從培養良好飲食習慣及保護牙齒的觀點來看，任何額外加糖的食物，寶寶都應該至少等周歲，甚至2歲以後（豆豆是一例）再來品嚐。2歲以前是形塑孩子飲食偏好的最關鍵期，應該致力於讓孩子去習慣食物（尤其是蔬果）的原味。孩子天生嗜糖，甜食絕對可以等。

食材事典
About the Ingredients

有關奇亞籽的營養價值和妙用，請見84頁「超級食物」一文。

食材

- ☐　奇亞籽4大匙
- ☐　過濾水4杯
- ☐　楓糖漿（或生蜂蜜）4大匙（1/4杯）
- ☐　檸檬汁4大匙（大約整顆檸檬）
- ☐　新鮮薄荷5-6株

作法

1　取一寬口容器，將所有食材混合拌勻後，以漏斗倒進可外帶的有蓋玻璃瓶中。

2　放置半小時，或等奇亞籽釋出膠質，膨脹如山粉圓即可。

　　＊這個基本組合主要用來補充水分，調味清爽，適合當運動飲料或大熱天消暑飲品。若要當「果汁」喝，可酌加調味，例如圖左的甜菜檸檬飲，就是基本組合再加進2大匙蜂蜜和1小匙100%甜菜粉（藍莓粉或巴西莓粉Acai powder也行），豆豆很愛喝；也可直接以蔬果汁或各種奶製品取代過濾水來沖泡。

Kombucha
發酵菌菇茶

家有嬰幼兒
For the babies

雖然喝菌菇茶對人體有千百種好處，但茶裡仍會殘留極少量酒精（約0.5%，相較於啤酒4-6%）和咖啡因，這對成人無妨，但對孩童的影響不知。即使我知道國外不少家長給年幼孩子喝，我不建議給3歲以下嬰幼兒喝。3歲以上孩子若要品嚐，應從微小量開始，加水或果汁稀釋後才喝，最多1天喝不超過60ml（2盎司）。豆豆從6歲開始才比較規律地喝，目前1天喝約1/2-1杯。

食材事典
About the ingredients

除了多種益生菌，菌菇茶裡豐富的酵素、抗氧化劑和醋酸，對人體免疫、消化系統極有幫助，對抗炎（慢性病）、抗過敏和排毒也有功效。很多擁護者宣稱菌菇茶能治百病，我覺得應是它所含的各種好處對人體的滋養（tonic）功效，讓原本失衡的身體恢復正常運作，進而產生自療自癒現象。

菌菇茶（Kombucha，又稱康普茶、紅茶菌飲，大陸叫海寶、胃寶）是一種以加糖的紅茶加上菌母發酵而成的養生飲。發酵過程中，菌母（菇）裡的酵母菌把糖轉化成酒精，乳酸菌再把酒精轉為醋酸，兩者共生共事，因此降低了酒精含量，同時產生了益生菌，最後成品是個微甜（低糖）微嗆，喝來很愉悅的碳酸醋飲。據說它最早起源於中國，已有超過兩千年歷史，古人稱它是「不朽靈藥」，後來俄羅斯人將它普及化傳到西方，從此每隔一段時間就會在不同地區大流行。這幾年飲用菌菇茶像野火燎原，在美國市場燒出主流飲品地位，原來只在健康食品店販售，如今連一般超市都買得到。我也曾買了一陣子市售品，直到這兩年才開始自製；一旦開始，就沒停過了。

食材

☐　純紅茶包（不含油脂或其他調味）2個
☐　糖（我用有機初榨糖sucanat）5大匙（1/4杯＋1大匙）
☐　過濾水 1公升（或1夸脫）
☐　菌母1枚
☐　熟成菌菇茶（就是跟著菌母來的茶）1/2杯

＊菌母即菌菇，英文叫「mushroom」或「mother」，正式名稱縮寫為SCOBY。
（Symbiotic colony of bacteria and yeast）

作法

1　煮沸過濾水，放入糖，待糖溶解就可離火。放進茶包，泡15分鐘，更久無妨；若要減少咖啡因，就縮短時間。取出茶包，放涼。

2　取一容量1公升的乾淨玻璃瓶，倒進1/2杯熟成菌菇茶，再注入放涼茶湯至瓶頸（剩餘的可以倒進菌菇罐內），然後用筷子或乾淨的手放進菌母（顏色較淺、較平滑那面朝上），它可能會上浮或下沉，都無所謂。再取一條縫隙夠緊密的紗布（起司布洞太大不宜，果蠅小蟲會跑進去），或像我用兩層餐巾紙包覆罐口，用橡皮筋固定，標上日期，放置在空氣流通、溫度介於21-29度C（70-85度F），不會有陽光直射的地方（我放廚房吧台上）發酵。

3　視季節、室內溫度與個人口味，發酵熟成時間約需7-20天。可以從發酵1星期開始，用乾淨的磁或木湯匙（不能用金屬）每天取出一點試味，這時表面應該已生出菌菇寶寶（即在原菌母的上層），茶色也變淡；如果大部分甜味已消失，且酸度是喜歡的程度，表示發酵完成了；若還很甜，表示還沒熟成，繼續發酵。一般認為最少發酵10天，才會產生足夠的益生菌、酵素等營養成分。我家喜歡的風味，大概是在21度C（70度F）發酵2星期左右（冬天可能多個2天）。發酵若超過30天就變成醋了，不宜獨飲，但可加果汁或水稀釋後再喝。

4　發酵完的菌菇茶，小心取出菌母（這時應有兩層）後，就可裝瓶加蓋放冰箱，可保存很久，愈放風味愈有層次。因為是發酵飲，熟成茶本身已有如汽水的氣泡，但我喜歡氣泡更多一點、再嗆（fizzy）一點，喝起來更過癮，因此裝瓶加蓋後會再置放室溫48小時增加氣泡（細窄瓶口罐效果較明顯），才放冰箱。

5　若要接著發酵新茶，就重覆以上步驟，直接從剛熟成的茶裡取出部分當種茶。不管大小，1個發酵容器（只）需要1個菌母，但如果是才剛開始自製發酵茶，菌母需要一點時間適應新環境（通常還很薄），建議可把兩層菌母一起放進同一發酵容器內，待發酵過幾次，最上層菌菇變厚、穩定後，就可只用最上面的新生層（可用手剝開來）來發酵新茶，剩餘的放回菌母罐裡放室溫養著，確定有足夠的茶覆蓋它；或者只留一個備份，其餘分享給親友；也可同時多用幾個玻璃罐，增加發酵量。因為家人很愛喝，我通常一次煮製4公升茶量（即4倍食譜量），每7-10天發酵新茶1次，才跟得上家人飲用的速度。

發酵提點：

（1）我最早的菌菇（母）來自朋友分享，國外網路上免費分享和販賣的很多，台灣網路也有人賣了。美洲地區朋友可以在健康食品店買GT's raw kombucha來自己培養菌母，購買時儘量選擇底下有沉澱物和菌絲的茶，培養方法網路上都找得到。一般消毒過的品牌無法培養。

（2）自來水中的氯會殺死或弱化菌母，若沒有過濾水，可將自來水煮沸10分鐘讓氯揮發掉；同樣地，有人說不能用生蜂蜜發酵，其中的生菌會和菌母競爭而影響發酵成果。

（3）發酵和裝瓶容器應避免用塑膠、金屬和陶（釉）材質。這些材質會與發酵的酸性起反應，產生有毒物質，對人體不好，也傷害菌母。

（4）等菌母生成穩定後，可以開始混茶發酵，白茶、綠茶或任何不含油脂的茶（甚至有人用花草茶）都行，既增添風味，也進一步降低發酵後剩餘不多的咖啡因。以4公升發酵量來說，我最喜歡的組合是6個有機紅茶包（English Breakfast）加2個茉莉調味的有機綠茶包。發酵好的茶也可以進一步調味，即在裝瓶後加進切小塊的水果如檸檬、莓果、蘋果、薑等，多放室溫1天即可。

（5）除了生蜂蜜有爭議，據說任何糖都可以用來發酵。我用有機初榨黑糖，因此茶水和菌菇顏色較深，也多了點來自糖本身的礦物質。用淺色糖發酵的菌菇，通常呈乳白色，茶色也較淡。

（6）菌菇培養罐需偶爾清洗，加入新茶（食物），才能讓菌菇保持健康強壯，約2個月1次就行。把罐裡熟茶先倒出，留下底部沉澱物，取出菌種以過濾水洗淨，去除底下殘絲黏浮物；再把罐子沖洗乾淨，放回菌種、熟茶，再添入一點新茶。

（7）如果菌菇健康強壯，發酵過程會很順利，其他壞菌也不可能有機會入侵。但如果發酵罐裡出現霉菌，聞起來不是令人舒服的醋酸味，那就別猶豫丟掉重來。

Pan-fried polenta

香煎玉米糕

家有嬰幼兒
For the babies

煎好的玉米糕噴香滑嫩，我覺
得貝比應該抗拒不了。不加醬
油、切成小丁，可以給8個月
以上嬰兒自己吃或餵他吃；再
大一點的寶寶甚至可給一隻叉
子，邊引導邊讓他自己用叉子
練習叉起來吃。基改玉米氾濫，
請儘量選擇有機產品。

多年前我曾在健康食品店一年兩度大拍賣時買過做成
圓筒狀的玉米糕，就算回家煎得金黃酥脆，家人淺嚐
一小塊後就沒下文了，剩下的怕浪費，塞得我肚痛。
哪知家製版食材簡單又非常易做，風味更是天壤之別。
這裡吃的是中式口味，西式調味當然也行，香草、熱
融起司、番茄醬料都適宜。說是下課後點心，其實我
拿這當早餐或放進午餐盒裡，家人都愛 。

食材

☐　自製玉米糕（見140頁），喜歡的量
☐　橄欖油、印度傳統酥油或奶油，適量
☐　蔥末及香菜末，喜歡的量
☐　醬油，適量

作法

1　以中火加熱平底不沾鍋或鑄鐵鍋，入一層薄油，將切塊玉
米糕煎到兩面金黃，表皮酥脆即可。

2　食用時淋點醬油，撒上蔥末、香菜末，會讓人吃得欲罷
不能 。

Cucumber roll-ups

小黃瓜捲

家有嬰幼兒
For the babies

只要沒有過敏體質,並確定食材切夠細,已吃了一段副食的7、8個月以上嬰兒,也可以嚐一點內餡。

小黃瓜捲其實是我在「開胃菜」課堂中教做的一道一手食,如果家中孩子平常就有吃起司,當然也適合拿來當下課後點心,或用來為挑嘴的小朋友增加一點蔬果攝取量。其實不只這裡提供的兩款餡料,像墨西哥酪梨醬(guacamole)、中東鷹嘴豆抹醬(hummus),或154頁的八角毛豆泥抹醬,都可以拿來做餡料。而這些餡料,又可以拿來當三明治抹醬,或以蔬菜棒醮起來吃,如此做一道可變化出多種吃法。

食材

☐ 小黃瓜(或櫛瓜)2條(以直徑不超過1吋者為佳)

起司內餡

☐ 菲它(feta)起司170克(6盎司)
☐ 希臘原味優格1/4杯
(以上兩者可直接以152頁的家製優格起司替代)
☐ 風乾番茄2-3片或等量蔓越梅乾,剁碎
☐ 有機青檸皮屑少許(可免)
☐ 新鮮蒔蘿2株,切碎
☐ 現磨胡椒少許
＊起司已鹹,不需另加鹽

水煮蛋酪梨餡

☐ 美國酪梨1顆,去核
☐ 水煮蛋2顆
☐ 希臘原味優格2大匙
☐ 海鹽和胡椒少許
☐ 蔓越莓乾或切碎香草(放上頭一起吃或裝飾)

作法

1　小黃瓜(或櫛瓜)橫剖對半,用削皮刀削出細薄長片,放在廚房紙巾上吸水備用。

2　將餡料食材混合成一碗。取一小黃瓜片(若太長就切對半),在靠近你的邊端上,舀上適口大小的餡料,朝外捲起後,以牙籤固定就行了。可加點果乾或切碎香草一起食用(右頁左上圖)。如果選用起司餡,做完不馬上吃,請先放冷藏,以免起司糊掉。

Popcorn

爆米花

家有嬰幼兒
For the babies

餵食1歲以下嬰兒,不要用蜂蜜,不加或只用一丁點海鹽,並調低辛香料比例。8個月以上或可用手指抓物的幼兒,先剝除硬米心後,再剝小丁讓寶寶自己餵食。

巧克力口味爆米花。

玉米是全穀,但要說玉米做的爆米花是健康食物,很牽強。因為如果要達到媲美市售品的口味,那油、糖、鹽量都極高。但哪個孩子不愛爆米花?家製品至少可以掌控食材的質和量,偶爾用來解饞。只要糖鹽油量選控得宜,一小把玉米粒劈哩叭啦瞬間迸跳成一鍋雪白米花,其實是讓人不得不驚嘆的魔法!我至今仍記得首次嘗試後的激動,小朋友當然更雀躍,可在大人引導下小心參與;而且調味千變萬化,鹹甜皆宜,完全可依心情客製化。

基本款食材(約可爆 3 & 1/2 - 4 杯)

- ☐ 有機(或非基改)乾玉米粒1/4杯
- ☐ 印度傳統酥油(ghee)或初榨椰油2小匙
- ☐ 楓糖漿或生蜂蜜2小匙
- ☐ 海鹽少許

香料版

- ☐ 基本款食材(見上方)
- ☐ 南瓜派香料(pumpkin pie spices)1小匙

作法

1. 取一夠大的有蓋不銹鋼鍋,以中大火熱油。丟一兩顆玉米粒進去,若爆開表示油夠熱了。倒進所有玉米粒,加蓋,用雙手搖晃鍋子,確定玉米粒均沾到油。

2. 繼續邊加熱、邊搖晃鍋子,直到出現不間斷的爆裂聲後,將火力調降到中火。等爆裂聲減緩到間隔2秒時,就可離火,但鍋子仍蓋著讓它爆完。

3. 等爆裂聲完全停止,趁熱加進糖和海鹽,以及香料、香草等其他調味食材(若有用),拌勻就行了。

◇ 其他調味組合建議

(1)深黑巧克力(72%以上)+糖蜜+海鹽+肉桂粉+檸檬汁

(2)咖哩粉+糖蜜+海鹽

(3)黑芝麻粉+糖蜜+海鹽

288

Superseed protein bars

超級種籽蛋白棒

家有嬰幼兒
For the babies

混拌食材時，先別加生可可粉和海鹽，取出小部分已混好其他食材的種籽蜜棗（然後才加生可可粉到大人那份裡），進一步打碎後，一點一點加過濾水或椰油，直到軟硬度適合給1歲以上幼兒食用。

廚事筆記
Kitchen notes

豆豆的學校每個月都有慶生會，當月生日的小朋友家長要負責為全班準備慶生甜食「Treats」；當天有幾個壽星，每個小朋友就可吃幾種甜食，一次吃進的糖量爆超到令人無法想像！我不想雪上加霜，總是準備水果沙拉、鹹味點心或這種不額外加糖的生機甜食，雖然很難和杯子蛋糕或巧克力餅乾抗衡，但其實銷路也還不差。因此先別說孩子一定不愛，只有不試，孩子才肯定不吃！

我對做甜點不太來勁，但用儲食櫃裡的常備食材做生機點心則不介意。一方面這類點心通常簡單易做、免烘焙，一方面所用食材個個營養紮實，沒有一般甜點叫人犯嘀咕的高糖高油高澱粉，真正是充滿生命能量和滋養機能的零負擔甜點。這種免煮免動刀，還會用上酷酷的調理機的簡單廚活，最讓豆豆著迷了，因為他幾乎可以全程（除了最後一步塑形）掌控參與，事後還會很驕傲地對品嚐者說，「那是我做的耶！」。

食材

☐ 蜜棗（medjool dates）16-20顆（依嗜甜度而定），手剝去核
☐ 大型種籽1杯（南瓜籽、葵花籽，或我用的兩者混合），低溫烤過
☐ 小型種籽1/2杯（漢麻籽、碾碎的亞麻籽，或我用的奇亞籽或混合）
☐ 無糖椰蓉（unsweetened shredded coconut）1杯
☐ 超級食物撒粉（見92頁）1/2杯
☐ 生可可粉1/4杯
☐ 初榨椰油1/4杯
☐ 純香草精1小匙
☐ 海鹽少許

作法

1 用食物調理機將混合南瓜籽和葵花籽稍切過。沒有調理機的，可將種籽裝進保鮮袋裡，用擀麵棍輾壓或肉槌拍打，略切即可，不需切到碎。

2 取一夠大的預拌盆，放進去核蜜棗，用手或叉子將蜜棗混拌成泥（若蜜棗看起來有點乾，可放進調理機中打碎）。續入其他食材和打過種籽，用手或大湯匙充分拌勻直到椰油滲透所有食材，可以手捏成團就行了。

3 取一長方形或方形容器（我用13x9吋淺烤盤），舖進1張比容器大的烘焙紙，再放進種籽蜜棗混合物，先用手推壓成0.5到0.75公分厚度，確定盤中物非常紮實緊密的黏合一起後，再以擀麵棍壓平，最後放進冷凍庫至少1小時成形。

4 食用前將烘焙紙連同內容物自塑形容器中取出，切成方塊（或任何喜歡的形狀）即可。

290

Goji seed crackers

枸杞種籽脆片

家有嬰幼兒
For the babies

1歲以下嬰兒不宜食用蜂蜜,也建議不要吃甜食。餵食滿周歲以上幼兒,可在食材拌勻後,取出部分以食物調理機打成粉末狀,再進烤箱,並縮短烘烤時間,目標是烤完放涼後,成為軟潤的餅乾。我想像這當外出點心,應該不錯。

廚事筆記
Kitchen notes

如果放涼後發現口感稍潤,不夠硬實,沒關係,那是另一種風味,一樣好吃;補救方法是直接放冷凍庫,就會硬脆。

這個鹹中帶甜的點心,很有讓人上癮的魔力,只要嚐過一口,很難停下來;而且方便攜帶,旅途中、登山健行、郊遊,或運動過後,都能拿它來補充能量。當孩子的課後點心,也挺合適。

食材

- ☐ 葵花籽 3/4 杯
- ☐ 南瓜籽 1/4 杯
- ☐ 烤過黑、白芝麻共 1/2 杯
- ☐ 無糖椰蓉 (unsweetened shredded coconut) 1/2 杯
- ☐ 喜歡的果乾 1/2 杯 (我用枸杞籽、葡萄乾各半)

調味

- ☐ 冷壓初榨椰油 2 大匙 (冬天要先低溫熱融)
- ☐ 生蜂蜜 1/4 杯
- ☐ 海鹽 1/4-1/2 小匙 (我喜歡介於兩者之間的鹹度)

作法

1. 取一大碗,加入所有食材,續入其他食材和調味料,攪拌均勻。

2. 烤箱預熱到 150 度 C (300 度 F)。將拌好的餡料倒進襯有烘焙紙的烤盤中 (我用 11x16 吋淺烤盤剛好放一盤。若烤盤較小,得分兩盤烤),以大湯匙均勻壓平,壓得愈薄愈緊實,烤後愈容易酥脆。若手邊有擀麵棍,沾點水再輾壓過,會更緊實。

3. 進烤箱烤 16-18 分鐘 (我烤 17 分鐘剛好),熄火,烤箱門半開,以餘溫再烘 20 分鐘,確保水分完全收乾。可用枸杞籽顏色來判斷,一旦開始變深,就熄火開烤箱,不要猶豫,否則果乾會變焦苦。

4. 自烤箱取出後,留在烤盤上放涼;等脆片涼透,約半小時,才會硬實,再連烤箱紙一整大塊拿到砧板上,用刀切割成喜歡的大小形狀,或直接用手掰成不規則形狀。也可在餡料進烤箱前,決定好形狀,以 Pizza 刀滾過,烤好放涼後沿切割線條掰開即可。烤得硬實的脆片放在有空調處的密封容器裡,可保存 7-10 天仍酥脆。放冷凍庫可保存數月。

Chia pudding
奇亞籽布丁

 家有嬰幼兒
For the babies

削皮去核打成泥的芒果,適合餵食6個月以上嬰兒。若是8-10個月貝比,直接將芒果切細長條(否則很滑不好抓取),甚至給寶寶一隻小叉子,讓他自己練習餵食。

我做的點心甜食通常只是微甜,儘量以水果本身的滋味來帶出甜酸,因此搭配布丁食用的水果,可任君選擇,但建議不能省。

基本食材(2人份)

- ☐ 堅果奶、豆奶或全脂牛奶1杯
- ☐ 奇亞籽3大匙
- ☐ 香草莢1/2根(不建議用香草精,酒精味很明顯),剖開後以刀刮出
- ☐ 天然糖蜜1小匙
- ☐ 海鹽少許

作法

1　取一適度大小的杯碗或有蓋玻璃罐(方便帶著走),加進所有食材,攪勻,確定奇亞籽沒有沉澱在容器底部。靜置冰箱至少半小時,待奇亞籽釋出膠質。食用前分置兩杯,加點喜歡的水果(圖中用酪梨、草莓和奇異果)一起食用。

延伸版・基本食材再加

- ☐ 大型芒果1/2個,切丁(約3/4杯)+額外搭配食用
- ☐ 現擠綠萊姆(或檸檬)汁1-2小匙(視喜好和芒果甜度調整)
- ☐ 現磨萊姆皮屑(可省)

延伸版作法

1　將芒果、奶、香草籽、天然糖蜜(視水果甜度調整)、海鹽一起放進打汁機裡打勻後,加進奇亞籽,轉低速攪拌,確定奇亞籽沒有沉澱在底部。試味道,若不夠甜或果香不足,就加點檸檬汁提味。

2　倒進大碗裡,靜置冰箱至少30分鐘,待奇亞籽釋出膠質,即可分盛杯碗,以剩餘芒果丁裝飾、磨點萊姆皮屑(若有用),一起食用。

Coconut-flavored berry crumbles

椰香莓果奶酥

家有嬰幼兒
For the babies

餵食1歲以下嬰兒，不用加糖。可取出少量燕麥、堅果（確定無過敏）、水果和椰油（太稠就加點水），打成細粉狀，另外烤1小杯或再加水煮成糊給10個月以上嬰兒食用。周歲以上的寶寶可以直接吃少量成品。

廚事筆記
Kitchen notes

這道點心最大的優點是食材組合很隨興，可依季節變換水果，奶酥和水果底餡的比例也不拘，堪稱不敗甜點。在居住地，夏天除了莓果，也可用去核的桃子、李子、杏子；秋冬最常見用蘋果、新鮮蔓越莓或洋梨。台灣是水果天堂，當然不乏選擇，芒果、鳳梨、葡萄和香蕉，無一不可。若用糖粒取代食譜中的糖蜜，建議油量多1-2大匙，奶酥才不會太乾。至於烤皿選擇，大小方圓都適用（記得調整烘烤時間！），材質以玻璃、陶磁、石器等不會與果酸起反應者為佳。

水果奶酥（不管是crumbles,crisps或cobblers）是歐美極簡易家常的甜點，吃起來有水果派的風味，但省略了作派皮的麻煩。傳統上，奶酥基本食材是奶油、糖和麵粉，加不加燕麥片（或其他全穀）、堅果、果乾（可取代部分糖量）和香料，隨個人喜好。一般吃法是趁水果奶酥還溫熱時，加一球冰淇淋當飯後甜點吃，形成冷熱、軟酥、甜酸對比的食趣，但冷食風味也好。我的健康版全素，油、（尤其是）糖量都減少，且調高全穀比例，嚐起來微酸微甜，口齒間透著初榨椰油的甜香和堅果的香濃，清爽而不甜膩，不加冰淇淋當早餐或點心吃，也可以。

食材

[底餡]

- ☐ 任1種莓果或混合夏莓（我用新鮮藍莓、黑莓加覆盆子。瀝乾水分的冷凍莓也行）4杯
- ☐ 楓糖漿或蜂蜜1-2大匙（視水果甜度而定）
- ☐ 檸檬汁1/2-1小匙
- ☐ 肉桂粉（或肉荳蔻、薑粉）1/2小匙

[奶酥]

- ☐ 燕麥片（regular rolled oat）1杯，稍打碎或直接用現成碎燕麥
- ☐ 全麥低筋麵粉1/2 杯
  （對麩質過敏者可直接替換成零麥麩燕麥片）
- ☐ 生杏仁豆（或喜歡的堅果）1/2杯，剁碎（也可用杏仁粉）
- ☐ 肉桂粉1/2小匙
- ☐ 固態初榨椰油4大匙（夏天時可先冷凍快速凝結；或用有機奶油）
- ☐ 楓糖漿（或蜂蜜）1/4 杯
- ☐ 海鹽少許

作法

1   取一大碗將底餡食材混合後，倒進（我用的）8x8方形烤
    盤、8吋或9吋圓型派盤。將大碗沖洗乾淨備用。

2   將燕麥片、全麥低粉、杏仁豆／粉（若現打，切勿打過頭
    而導致它出油！）、肉桂粉、海鹽充分混合後，拌進楓糖
    漿和固態椰油，用叉子將椰油均勻切揉進穀粉中，直到呈
    不規則顆粒狀，放冰箱冷藏半小時。

3   烤箱預熱到190度C（375度F）。將油酥均勻舖在莓果
    上，進烤箱烤35-40分鐘，或至油酥金黃、水果軟潤且
    汁液滾動即可。取出放涼15分鐘再吃，可讓奶酥有時間
    硬脆、底餡水果有機會收汁凝結。若當天沒吃完，可冷藏
    5-7天，食用前再低溫烤過。

The easiest and nutrients-packed no-bake brownies
免烤布朗尼

家有嬰幼兒
For the babies

你的寶寶有一輩子時間可以吃巧克力，2歲以前就免了吧。倒是蜜棗和堅果（若沒過敏）很營養，可打些堅果醬給10個月以上寶寶吃；1歲以上幼兒則可少量餵食剝小丁的蜜棗，或加進甜粥點心裡。

老實說，巧克力對我的吸引力，比不上現摘蘆筍或在欉紅芒果；拿它做糕點，也不是為了討好孩子。純粹因近年研究證實生可可粉具有強力抗氧化功能，我才把它當營養補給品來吃用。何況這個好吃健康又超級簡單的布朗尼食譜，實在值得分享，它只需用到3個食材，其他就各自表述，隨興發揮；儘管它熱量不低（至少是堅果裡的好油），吃一小塊就很滿足了。最棒的是，三兩下、幾分鐘就做好了；沒有奶油、巧克力待融，連烘焙都免了。神奇的是，它吃起來就像布朗尼！

食材

- ☐ 生核桃（胡桃、杏仁）1杯
- ☐ 大而飽滿的蜜棗8顆（嗜甜者可酌加），去核
- ☐ 生可可粉1/2杯
- ☐ 海鹽少許
- ☐ 巧克力碎（cacao nibs）、堅果等（可免，是錦上添花、增加口感的添加物）

作法

1 將堅果放進食物調理機中打成粗粉；機器開著，把去核蜜棗一顆一顆加進去打，續入1/2杯生可可粉、少許海鹽，打到粉末用兩指掐起可以黏住就行。接著試味，依喜好調整甜度。

2 拿一張大過容器的烘焙紙舖在6×6吋方形（或長方形）容器內，倒進布朗尼餡，用刮刀或手舖平壓實，尤其注意四邊角落，進冷凍20分鐘稍微定型。

3 連烘焙紙一起取出，將四面餘紙儘量往中間擠壓，也就是把方塊壓擠得更小更實。若手邊有生巧克力碎或額外堅果，就壓擠一些在上頭；想加塗一層花生醬、堅果醬或椰奶霜也行。食用前切成小方塊，就大功告成了！沒吃完的可以放冷凍保存1個月（應該不可能放到那時候！）。

Fruit lassie popsicles

水果拉昔冰棒

大概是豆豆5歲時,有天他從夏令營回來,興奮地告訴我學校每天都給冰棒吃,有紅色、橘色 、藍色、綠色…我聽完後,知道自製冰棒從此會是夏天裡的一個例行廚事。還真沒理由不自製呢,實在太簡單了!

藍莓口味

食材

- □ 有機全脂原味（或希臘）優格2杯
- □ 熟成香蕉1根
- □ 蜂蜜3大匙（視香蕉熟甜度調整）
- □ 藍莓1杯

作法

1. 將優格、香蕉和蜂蜜放進果汁機中打勻，試甜度，不夠甜就酌加一點蜂蜜，倒出1/3備用。果汁機裡的剩餘2/3優格加進藍莓，打勻，若太稠就回添一點調了味的香蕉優格，再打勻，是為藍莓拉昔。

2. 輪流倒進藍莓拉昔、香蕉優格入冰棒模，誰先誰後、量多量少都無妨，才會產生不規則紋路，直到接近模頂，插進竹籤，冰凍至少4小時。食用前以溫水沖洗冰模外層，就可輕易拔出冰棒。若有剩餘藍莓拉昔，就用製冰盒或小酒杯（shot glass）盛裝，插進牙籤即可。

芒果鳳梨口味

食材

- □ 有機全脂（或希臘）原味優格 1杯
- □ 蜂蜜2大匙
- □ 芒果丁1杯，或1&1/2杯（依喜歡的香濃度調整）
- □ 鳳梨丁1/2杯
- □ 檸檬汁1-2小匙（視水果甜度調整）
- □ 烤過堅果（杏仁、核桃）少許，剁碎（可免）

作法

1. 先把優格和蜂蜜放進打汁機中打過，約打出1杯半，取出1/3備用。接著把芒果、鳳梨丁加進剩餘優格中打勻，如果水果不夠甜或果香不足，就加點檸檬汁提味，也更能對照出甜味。

2. 冰棒模底撒點堅果（純增加趣味和營養，冰過不會脆），再輪流倒進優格、芒果鳳梨拉昔，直到模頂，插進竹籤，就可以進冷凍庫了。

家有嬰幼兒
For the babies

只用優格和水果做成的冰棒，只要不加糖，並確定寶寶沒對乳製品過敏，那已吃一段副食的8個月以上嬰兒，當然可淺嚐。讓寶寶體驗不同食物溫度，不也是味覺體驗的一環？我已經可以想像貝比吃到冰冰的食物時，臉上的可愛表情了！若不冰凍、直接吃，就是沒加糖的水果優格。

廚事筆記
Kitchen notes

家製冰棒不只能慎選食材，適時為孩子添加營養；邀請孩子設計冰棒造型、顏色（當然來自蔬果）和紋路，還能激發孩子想像力，大人小孩都玩得不亦樂乎。沒製冰模？一般格狀製冰盒、小酒杯或家裡現成的各形各色小缽，都能拿來利用。

column

利益眾生的廚活良習

有意識的採購、烹煮、執行廚事，

不只能滋養身心，

還能利潤大地，省錢又環保。

根據美國環境保護局（EPA）的統計，美國每年有3千萬公噸的廢棄食物被送進垃圾掩埋場，成為第二大垃圾來源；台灣雖然強制廚餘回收，主婦聯盟基金會說，每人每年平均產出的家戶廚餘仍高達96公斤！這些食物在掩埋場分解產生的二氧化碳和沼氣（美國1/4沼氣總量來自掩埋場的廢棄食物），不只加速全球暖化（沼氣的衝擊是二氧化碳的25倍！），對我們的荷包和家庭預算的「毒化」程度，真要仔細計較，又何止淺了？

其實只要有心、有意識，廚房裡舉手之勞可做的環保和樽節，還真不少。以下是我在廚房裡致力實踐，大多數已行之多年的省錢又環保例行廚活：

食材最大值化，想盡辦法吃進肚

（1）有機檸檬：擠汁之前，先磨出皮絲，放進有蓋小缽，置冷凍庫，適時加進沙拉醬汁、烘焙、湯品，或義大利麵裡。擠完汁後，連皮沖泡熱水，直接喝，或加進茶裡喝。夏天院子長滿薄荷時，剪幾枝進去，加點蜂蜜，喝蜂蜜檸檬水。

（2）有機蘋果：連皮使用是最經濟、快速又具營養效率的方法。但如果非去皮不可，可將削出的皮加進高湯或慢燉肉品裡，為湯頭、肉汁添一點幽微的甜香。

（3）香蕉：變黃或熟過頭的香蕉，剝皮捏塊後冷凍。可加進蛋糕、馬芬、巧克力抹醬、燕麥酥、蔬果蜜或豆穀奶等任何可用到香蕉泥的食方裡。

（4）生鮮蔬果：若一下買太多，或計畫趕不上變化而錯過最佳賞味期，可以拿來榨綠汁，或煮好打成泥放冷凍庫，加進義大利麵、義大利肉醬、西式濃湯、蔬菜湯，或慢燉鍋裡，添香增料，又能補充纖維質，提高營養價值。

（5）連葉買的整把根莖（例如櫻桃蘿蔔、白蘿蔔、紅蘿蔔、甜菜根）：很多人取根丟葉，那嫩葉卻是我上農夫市集採買時刻意的選擇，既是根莖新鮮度的指標，還可多出許多用途，形同買一送一。這些莖葉可快炒，也可打成青醬、加進沙拉、蔬菜湯裡，或者切碎了與蛋液混合，煮成烘蛋或蛋捲（見134頁）。成品青醬拿來調麵糊，又可做成鹹煎餅、法式可麗餅，或者中西式麵條。

（6）佐食醬汁：因為我做菜幾乎不用市售醬料，冰箱裡經常這裡一小缽、那裡一小罐的自製佐醬，有時是沙拉醬汁，有時是魚肉烤蔬沾醬。這些吃不完的醬汁，最後都能變身為醃烤肉醬，中式就加點醬油麻油拿來烤豬肋排，西式（通常是油醋）就融進希臘風味烤羊排裡。

（7）肉骨頭：在地放牧肉品價格不菲，我們因此吃進不少相對便宜的牛羊豬肋排、帶骨牛腱、帶邊肉大骨（慣買的小農產品常保留不少肉）等。這剛好滿足我們嗜食老硬筋肉的華人胃，我也因此不缺熬湯骨。啃完肉、吸完骨髓（豆豆才有的待遇）的肋排大骨，或者烤全

雞吃剩的雞骨架，一一分類收齊進湯鍋，切一兩顆洋蔥，幾根紅蘿蔔，手邊有的任何硬葉菜梗，幾片月桂葉，一小匙胡椒粒（心血來潮時加點蔥薑），最後淋一兩匙天然發酵蘋果醋，以利膠質、胺基酸和礦物質的釋放（放心，最後完全吃不到酸味！），文火熬煮3小時或過夜，就是萬用高湯。我刻意不加西洋芹和香草束，因此這高湯中西口味都適用，是我吃過滋味最深濃（但不稠）卻又清爽不膩的中式麵條湯底。

(8) 浮油、鍋底汁：烤落盤底的肉油脂、滷肉和高湯經冷藏後，油脂自然上浮。以前的我都直接撈除丟棄，現在知道放牧油脂的黃金價值後，謙卑客氣地收集裝罐當炒菜油用，還因此三不五時得以回味小時候的豬油拌飯滋味。至於剩餘的滷燉肉汁、烤雞汁，拌麵（中西式都可）似乎是最佳歸宿。

(9) 菜梗硬葉根心：我多半拿來榨汁、熬高湯；來不及利用的，就回歸大地，堆肥！

吃不了的，還給大地

自從7、8年前開始在後院設置堆肥箱後，家裡的垃圾量有時少得令人吃驚，或者該說，才知道家人多會吃、我煮得多勤快！因為那進了堆肥箱而大量減少的食物垃圾量，只是蔬果殘骸茶葉，不包括沾油碰肉帶魚腥等無法堆肥的廚餘。居住地一週收一次垃圾，左鄰右舍兩口之家一次倒兩大垃圾桶，我家經常兩星期還裝不滿一桶，垃圾量是別人家的四分之一。多年下來，不只攢下不少隨桶徵收的垃圾費（一桶兩美元），知道吃用不完的食物廚餘最後回歸大地，滋養土裡的眾生，還順便肥沃土壤、嘉惠園裡的苗蔬花卉，減緩食物浪費和地球暖化，在我看來，豈只穩賺不賠，也是掌廚人不花成本就能成就的佈施。

廚房雜物再利用

說真的，回收再利用，立意、成果都良善，但有時可以把廚房搞得零亂沒氣質。兩害相權取其輕，或者睜一隻眼閉一隻眼，用在這裡就對了。還好，這很好解決。下次你來我家，請先知會一聲，我趕緊收整廚房裡可能正晾曬的，這裡一兩袋、那裡一兩張的，再利用雜物。

(1) 塑膠購物袋：坦白說，再怎麼努力回收利用，塑膠袋很難從現代生活消失。總是有出了門才臨時起意去買菜，或者健忘症發作忘了帶環保袋、回收罐的時候；冰箱裡的蔬果保鮮，也很難完全不用到它。塑膠袋當垃圾袋，人盡皆知。在那之前呢？其實它們還有蠻長一段路好走。我習慣自冰箱取菜煮餐時，順手將它們攤開，放在非主要動線的走道上風乾，收摺進環保袋，下回買菜時再利用。可回收幾次呢？直到老舊髒污，變身為垃圾袋，十個指頭恐怕都數不完！

(2) 雜貨塑膠袋和貨號紙籤：同一個症頭，健忘沒帶回收罐出門的結果，通常裝零買雜貨

區的麵粉、穀類或香料。回家倒進所屬容器後，這些塑膠袋連同綁縛袋口、寫上貨號的紙籤，都可回收再利用。我有一個專門收整這類回收袋的環保袋，方便與裝蔬果的回收袋作區隔。

(3) 未漂白烘焙紙：主要用來隔絕鋁製烤盤。烤餅乾、麵包、燕麥酥或堅果種籽等的烘焙紙都仍乾爽，用完後繼續放在烤箱裡，至少可再使用一兩回，最後一次用來烤肉類；烤地瓜丁、番茄、根蔬等油鹹類菜色，幾乎也都可以再利用，最好一兩天內拿來烤肉。

(4) 鋁箔紙：這兩年我已完全不用在與食物接觸的烹調上了，久久一次用到，多半拿來包三明治（才好密封攜帶，裡面通常還有一層烘焙紙），或者充當上蓋用（例如以深盤烤肉蔬，或參加一戶一菜百樂派對需要帶菜出門）。鋁箔是金屬，可進回收箱。但回收之前可當保鮮膜使用，不想直接沾觸到食物，就用有點深度的碗盤裝剩菜，直到沾惹到油汙，才沖拭進回收箱。

(5) 密封袋：密封袋確實是煮婦的好幫手之一，尤其一般家庭（包括我家）的冰箱、冷凍儲藏空間都有限，密封袋儲食確能減省空間，很難完全避用。每個密封袋，我起碼當五、六個用，先裝清洗好的蔬果、煮熟乾豆，用完沖淨晾乾，重覆使用至老舊時，就拿來存放分裝好的肉類魚蝦，成就最後一次價值。

(6) 廚房紙巾：這也是現代廚房之惡，少了它，煮婦生活不好過。洗淨下鍋前的海鮮肉類，多半得用它來拭乾，無法回收；但用來吸拭洗淨莓果香草或豆腐等不油腥食材的，稍沖洗後可輕易擰乾，回收再利用。還好我用量有限，不至於到像我一位研究所時期的韓裔同學在廚房裡設置晾紙巾架的地步！回收紙巾用過幾次後，可拿來擦拭桌櫃廚具，然後隨手往地上一丟，抹地！

(7) 玻璃杯罐：雖然絕大部分吃家製生鮮全食，也幾乎不用市售醬料，但仍無法完全避免瓶瓶罐罐的累積。例如1公升容量的市售泡菜罐，其實超好用的，拿來裝自製燕麥酥、任何醃漬小菜，當堅果豆奶擠奶罐、養酸酵種、裝冷藏高湯，做發酵飲品如克菲爾、菌菇茶，還能拿來收納全穀乾豆。豆豆偶爾會吵著吃的市售果醬、我常用的市售純芝麻醬（Tahini）、油漬風乾番茄和番茄糊（膏），空瓶後可回收當沙拉醬汁罐。

還有笨手笨腳時打破的馬克杯、茶杯，若只少了杯耳，形狀仍完好，就當筆筒或什物罐。如果你和我一樣，有個愛收集彈珠、串珠、小蜘蛛人、化石等雜七雜八玩物的孩子，就會知道這些破杯子的好用。

回收罐和紙籤。

媽媽的味道：
孩子飲食的核心記憶

Food memories

記憶裡，媽媽不是現代美食標準裡餐餐精彩的廚藝高手。煮飯燒菜，對她來說，是農村大家庭長媳身份下，許多無法擺脫的日常責任之一。但上一代的無奈，和當時農村自給自足的時代氛圍，卻成就了我這個世代很多人的福氣。

因為不管我們在外頭玩得多野多髒汙，青春期課業壓力再繁重，黃昏時分走進家門，迎面撲來的食物味道，燈管下隱約晃動的氤氳熱氣，自有一股安定的力量，讓我們有所期待，終至心安地知道，我回家了。

我小學以前的飲食記憶，多半不是媽媽擅長的某一道菜色，而是無數飲食片斷串連成的兒時印象。阿嬤擱在屋角，每次經過就聞到深沈豆香的醬油甕；三合院稻埕上蘿蔔乾的陽光味；年節期間穿堂石磨傳來的伊呀轉動聲，和空氣裡的甜粿香；和兄姐一人一小臉盆坐在門嵌上，啃食阿公從水閘口網獲的毛蟹；踩著圓凳，翻搜小姑姑藏在碗櫃後方的酥餃綠豆椪；農忙時阿嬤手作給割稻人當點心的米苔目，有剩才輪到小孩吃的甜滋味；炎夏裡曝曬的，大人一耙翻就惹來一身癢的新收稻穀味；媽媽用醬油蒜頭蒸煮小魚拌稀飯的鹹香；爐灶上嗶嗶啵啵的炸豬油聲，及油渣咬在嘴裡的酥香；被差喚添柴火時，大灶坑肚反射在手臉上的火光熱度，及呼吸裡交雜的稻草味和鍋巴焦香…。

圖下排中間為作者。

現在回頭看，這些由阿公、阿嬤、媽媽及姑嬸，多半基於克勤克儉共譜出的我的兒時飲食記憶，光用想的，都覺得是現代傳奇。

後來，大家族分家了，媽媽不需要再輪值，餐餐煮給近20個人吃。少了大家族的家事量，她也多了時間待在廚房裡，名正言順只為自己的孩子備餐。5個孩子哪，加起來食量可不小。沒多久，同時出現在餐桌上的五個便當盒，又讓媽媽回到了煮十幾個人晚餐量的日子。我的青春期「點心」（不常吃）記憶，都來自這個時期。那些個偶爾出現的炸蕃薯片、荸薺丸、芋仔丸和芋泥（宜蘭古早味點心，通常辦桌才吃得到），就和金針菇和蔭瓜蒸肉頻繁出現在我們便當盒裡一樣，

為我的青春食憶染上一層金黃。

成年後離家上學就業，我印象最深刻的，除了爸爸為我和姐姐的歸來特地去漁港買的鮮魚，還有下了火車走回家後聞到的滷肉香。因為爸爸曾經小中風過，媽媽的滷肉總是色淡汁稀，不太敢用上醬油或肥肉，卻有一股輕盈剔透的鮮肉香。愛吃五花肉的爸爸常常一邊叨念，一邊忍不住一塊接一塊往嘴裡送；有時乾脆自己買了五花肉來給媽媽煮，那一晚大家的食慾就特別好。還有「三點仔」、「市仔」、紅蟳、蝦菇頭、九孔，這些我在僑居地吃不到的蝦貝類，不只味道，全家圍著圓桌啃食夜談的畫面，此時都像探照燈直射腦門，敲擊著我的神經，濡溼了我的雙眼。

我是幸福的，即使當時的我不懂。如今這些味道，因為時空不再，因為人事已非，只能深藏在記憶裡。

大學時代認識了我先生，我才了解即使是同一世代、同在台灣長大，我和他的飲食記憶如此不同。

婆婆精明能幹又善於廚藝，她左手煮台菜、右手燒外省菜的功力，表現於她混融本省與丈夫家鄉菜的創意，也展現在她年輕時一人獨辦五桌家宴的能耐。

她的紅燒栗子蹄膀、淡菜羹湯、燴三鮮、紅燒獅子頭、各式牛滷味（小時候家裡種田，基於尊敬為我們耕種的牛隻，和許多本省家庭一樣，我家不吃牛肉）等外省經典菜式，算是為我的本省味蕾開了葷。別笑我土，現在隨便網路一搜，人人都能有模有樣地學燒蹄膀，但對二三十年前沒下過廚的我來說，這些菜可不家常，上館子才吃得到的！

聽說從我先生小學起，他兩兄弟的同學朋友就常在婆家餐桌上流連。有人宣稱在外頭嚐了好吃的薑母鴨、羅宋湯，下回再進門，體貼的劉媽媽已備好了一鍋伺候。我這個晚來的「飯腳」，也見證、參與過多場，還很幸運地一路吃進婆家門。

書中收錄的淡菜羹湯（見315頁），是婆婆的拿手菜之一。淡菜是江蘇射陽的特產，淡菜羹湯是當地土菜，傳統上以馬鈴薯、紅蘿蔔、高湯燒煮乾淡菜而成。公公連同父母姐妹遷移到台灣後，可想而知最初那些年對蘇北家鄉的思念，全寄託在他們口述給台灣媳婦複製的家鄉味上面了。豈料這媳婦廚功了得，尋常食方到了她手裡，軟糯的馬鈴薯換成了酥炸芋頭，添進肉丁，有時還追加海參，把個家常菜燒出了奢華味，起鍋前勾上芡，撒上香菜，吃過的爺姥姑孫人人上了癮，從此淡菜羹湯不是蘇北土方，是劉媽媽招牌；其他親戚也不燒了，都吃婆家的。

我何其有幸，經歷了兩種截然不同的家庭飲食文化。媽媽的生活經驗與挑戰，讓她必需省儉，煮食家常，但平凡中有我熟悉的滋味、身影和愛；婆婆的超級廚娘形象

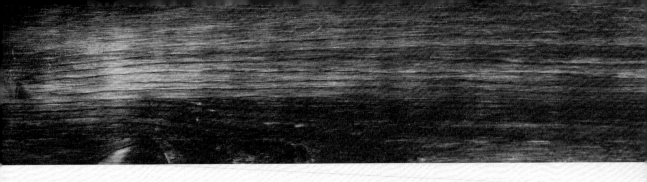

是她胸前的勳章，榮耀的泉源，也是周遭人的口福，我們返台必嚐的家鄉味。她不煮則已，一煮家家有份--蹄膀一次燒五六個，肉粽綁50斤米，饅頭250個！

兩位媽媽，兩種煮食風格，養出兩樣的孩子。但經由食物傳達對孩子的愛，以及孩子吃在嘴裡、烙在心裡的味道和記憶所產生的情感連結，卻一樣珍貴，無可取代。我覺得，能每天回家享用家庭餐，是我這個世代的人，小時候最富足的飲食經驗了。

傳播界前輩、我的老長官蔡詩萍，曾在臉書上寫他記憶裡媽媽的味道。他說：「老媽的味道，最難令人抵抗的，常常是自己最脆弱的時候。生病時，感覺孤獨時，那些味道便彷彿沿著身體裡面的記憶神經線，一點一點的滲出，往上攀，往外滲，終至於我們突然感覺到無論自己多大歲數了，想到老媽的菜，老媽在廚房裡的穿梭忙碌，我們就經不住想靠上前，偷偷在鍋子裡挾一筷子菜，塞進口裡，燙得眼淚直冒還說好吃好吃。」他很慶幸自己幽幽中年了，仍能回家吃年邁老媽煮的菜，做的餅。

親子教養專家、我的大學同學彭菊仙，再也吃不到媽媽的紅燒獅子頭了。她的失智媽媽在無可抗拒的錯亂時空裡，張冠李戴，顛倒是非，卻能在女兒誘導下，從盲亂迷離中反轉，條理清晰地細數她曾為深愛的女兒們做過的每一道拿手好菜、每一個步驟、每一個撇步，包括枝微末節的美味關鍵點。

菊仙在臉書上分享這段經歷時說，可能是這些個好菜「連結到她無數個幸福時刻，連結到她一生中最重要的角色，以及這個角色曾帶給她的無上成就感、情感上的豐厚滿足感。人間至情至性的最溫暖時刻，任天荒地老也盡難抹滅吧！」。

當我沉浸在自己和他人這些溫暖、真實，幾乎可以觸摸的飲食回憶裡時，我很難不去想像，我們下一代的集體飲食記憶會是什麼？媽媽的味道能不能一如我這個世代人腦裡的清晰可及？

歷史上從沒有一個世代，像我們的孩子擁有這麼豐饒奢侈的飲食資源，卻也吃得最貧乏無食（實）味。當然，現代生活的忙碌

緊張，也是前人不曾面對的，因而有各種力量和誘惑，讓我們有理由不下廚，將我們和孩子推向不健康的飲食習慣。當每個人都好忙，而我們不可能面面俱到時，很遺憾地，回家煮飯給孩子吃、全家圍坐餐桌吃飯，經常是疾行時代巨輪下第一個被犧牲的祭品。

我不覺得以全食物餵養小孩，是一件可以輕描淡寫的易事。再怎麼說，它都比不上直接買便當、外食、叫披薩、熱微波爐晚餐，或一盒調配好可以直接倒進鍋裡成形的半成品，來得方便速簡。但如果我們要求自己儘量天天煮（或起碼煮的時日比不煮多），那我們就不得不想辦法在有限預算下，買能夠負擔的最好食材，用最精簡的方式來烹調。光這樣，就成就了健康飲食，就給了孩子一個穩定成長、營養健康的能量來源。

但家庭餐的價值不僅止於此，它也是某種程度的家庭治療。為孩子定時提供健康三餐，既是給他們安穩可預期的家庭飲食文化和安全感，也不用擔心他們的飲食觀受外界影響或誤導；當我們透過食物分享生活點滴，彼此的情緒和情感，也有了

交集、抒發的出口，親情的連結因而更緊密。如果孩子的成長像一部行進中的汽車，我覺得家庭餐就是輪軸，一個轉順了，其他也跟著順了（還記得嗎？研究說常吃家庭餐的孩子，學習能力、情緒管理和快樂指數相對較高，也比較容易成為健康食者）。

當「吃得好」變成「吃真食物」和「吃安心」的最卑微要求；當速食廣告裡的「歡樂美味」形象被置入到家庭生活的每個面向，主宰現代孩子的集體飲食記憶時，要想力挽狂瀾，我們沒有其他辦法，只有立志回家煮飯，挽袖下廚。我們不需要變成專業廚師，只需是個懂得計劃安排的家廚。回家煮飯，和很多事一樣，不是零或全部的選擇；只求盡力，而且永遠不嫌遲。

我這有幸幾乎天天下廚的人，忍不住想像，等豆豆長大離家了，不論天涯海角，媽媽的味道或許能像黑夜領航的那道月光，那波潮汐，在他最需要的時刻，照亮前路，撫慰滄桑。一如記憶裡媽媽的滷肉香對我的召喚，或先生吃著我複製的婆婆味道時，眼裡的光亮。

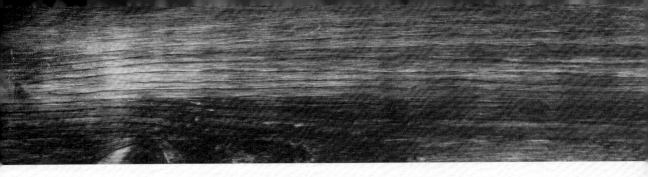

Mama Liou's taro and mussel stew

劉媽媽的淡菜羹湯

這道菜是婆婆的拿手菜之一。真要道地，芋頭得炸過，油量再增加，成品上浮著一層香氣逼人的薄油。我做菜口味比婆婆清淡，家人已不習慣濃口重油了。但也因我偷工減料，只要食材齊備，隨時可煮來解饞。每次一煮羹湯，我那平日晚餐不太吃澱粉的先生就會破戒，和兒子比賽扒飯。不是我厲害，怎麼煮怎麼對味，正是這道菜迷人之處。婆婆通常一次做一大鍋，勾芡撒香菜之前，先取出要分袋保存的量，重熱後味道仍佳，很適合冷凍。建議一次做兩倍份量，更符合時間成本。

食材（4人份）

- 芋頭1斤，去皮切丁
- 乾淡菜（dry mussel）1/2杯，泡軟洗淨後切小丁
- 豬肉240克，切小丁
- 美式細長紅蘿蔔2小根或台式1/2根
- 青蔥2根，切末（蔥白、蔥綠分開）
- 薑1吋長，切末
- 蒜頭2瓣，切末
- 香菜1小把，切碎
- 過濾水3杯
- 橄欖油或放牧豬油4-5大匙
- 海鹽3/4小匙
- 現磨胡椒適量

作法

1　以中大火預熱不鏽鋼炒菜鍋，入3大匙油，將芋頭丁儘量單層舖開，兩面煎上色（若上色太快轉中火），中途翻面幾次，約10來分鐘。油不會太少，有耐心，不貪圖急火，就不會黏鍋。起鍋備用。

2　同一炒鍋洗淨，加進1大匙油，以中大火炒香薑蒜末和蔥白；續入豬肉丁和淡菜末，翻炒至豬肉變色、淡菜出味（若有需要可酌加油），加進3杯過濾水，煮滾。

3　入芋頭丁和紅蘿蔔丁，以海鹽和現磨胡椒調味。加蓋煮滾，中間用鍋鏟輕撥（勿攪碎芋頭！）一兩回，試鹹淡。煮到紅蘿蔔稍軟、芋頭形狀仍完整，撒進蔥綠，拌一下即可起鍋。芋頭會繼續軟化，等煮到軟才起鍋就過頭了，會糊掉！

4　食用前勾薄芡（或像我免除這步），撒上很多香菜！

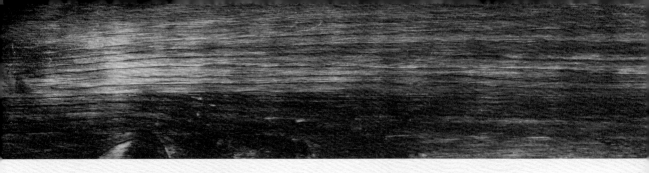

原味食悟2

從口慾到食育，形塑孩子味覺關鍵的全食物料理

作　　　　者 ——	邱佩玲
責 任 編 輯 ——	蕭歆儀
美 術 設 計 ——	IF OFFICE
攝　　　　影 ——	邱佩玲
圖 片 貢 獻 者 ——	**沈倩如：** pp. 6-7（目錄頁）
	Daniel Smith：
	封面（主圖），p.13, pp.17-19, p.22，p.26, p.35, pp.69-70,p.129,
	p.190, p.193, p.196, p.207（上圖），p.250
	Michiko Owaki：
	p.245（下兩圖），p.246, p.247（右三圖），p.286, p.287（右上＆下圖）
行 銷 企 劃 ——	王琬瑜

發　 行　 人 ——	何飛鵬
社　　　　長 ——	張淑貞
副 總 編 輯 ——	許貝羚
出　　　　版 ——	城邦文化事業股份有限公司　麥浩斯出版
地　　　　址 ——	104 台北市民生東路二段141號8樓
電　　　　話 ——	02-2500-7578
發　　　　行 ——	英屬蓋曼群島商家庭傳媒股份有限公司城邦分公司
地　　　　址 ——	104 台北市民生東路二段141號2樓
讀 者 服 務 電 話 ——	0800-020-299（9:30AM-12:00PM；01:30PM-05:00PM）
讀 者 服 務 傳 真 ——	02-2517-0999
讀 者 服 務 信 箱 ——	E-mail：csc@cite.com.tw
劃 撥 帳 號 ——	19833516
戶　　　　名 ——	英屬蓋曼群島商家庭傳媒股份有限公司城邦分公司
香 港 發 行 ——	城邦〈香港〉出版集團有限公司
地　　　　址 ——	香港灣仔駱克道193號東超商業中心1樓
電　　　　話 ——	852-2508-6231
傳　　　　真 ——	852-2578-9337
馬 新 發 行 ——	城邦〈馬新〉出版集團 Cite(M) Sdn. Bhd.(458372U)
地　　　　址 ——	41, Jalan Radin Anum, Bandar Baru Sri Petaling,
	57000 Kuala Lumpur, Malaysia
電　　　　話 ——	603-90578822
傳　　　　真 ——	603-90576622
製 版 印 刷 ——	凱林彩印股份有限公司
總 經 銷 ——	聯合發行股份有限公司
地　　　　址 ——	新北市新店區寶橋路235巷6弄6號2樓
電　　　　話 ——	02-2917-8022
版　　　　次 ——	初版一刷 2015 年 12 月
定　　　　價 ——	新台幣 480 元 / 港幣 160 元

國家圖書館出版品預行編目(CIP)資料

原味食悟2：從口慾到食育，形塑孩子味
覺關鍵的全食物料理 / 邱佩玲著

-- 初版. -- 臺北市：麥浩斯出版：家庭傳
媒城邦分公司發行, 2015.12
　面；　公分
ISBN 978-986-408-083-0（平裝）

1.食譜 2.健康飲食

427.1　　　　　　　　　　104017875